FENGLI FADIAN SHENGCHAN RENYUAN
GANGWEI JINENG TISHENG PEIXUN JIAOCAI
JINENG JIANDING CAOZUO SHIWU

风力发电生产人员岗位技能提升培训教材

技能鉴定操作实务

华能吉林发电有限公司新能源分公司　组编

中国电力出版社
CHINA ELECTRIC POWER PRESS

内容提要

本书涵盖风力机组系统检修、维护内容及操作要点，面向风电场现场生产实际的需要，立足于风电场生产人员岗位基本技能教育，内容包括变桨编码器、变桨蓄电池、齿轮箱、发电机、偏航减速机、偏航制动器、滑环、叶片、光纤、跌落保险熔丝、电控接线等部件的更换或清洗作业。本书主要培养风电机组生产人员运行与维护岗位职业能力、实践动手能力、解决实际问题的能力，检验其基本具备风力发电运行检修的素质与能力。

图书在版编目（CIP）数据

风力发电生产人员岗位技能提升培训教材　技能鉴定操作实务 / 华能吉林发电有限公司新能源分公司组编 .— 北京：中国电力出版社，2023.8

ISBN 978-7-5198-7975-4

Ⅰ . ①风…　Ⅱ . ①华…　Ⅲ . ①风力发电—岗位培训—教材　Ⅳ . ① TM614

中国国家版本馆 CIP 数据核字（2023）第 122987 号

出版发行：中国电力出版社
地　　址：北京市东城区北京站西街 19 号（邮政编码 100005）
网　　址：http：//www.cepp.sgcc.com.cn
责任编辑：谭学奇（010-63412218）
责任校对：黄　蓓　王小鹏
装帧设计：王红柳
责任印制：吴　迪

印　　刷：三河市万龙印装有限公司
版　　次：2023 年 8 月第一版
印　　次：2023 年 8 月北京第一次印刷
开　　本：787 毫米 ×1092 毫米　16 开本
印　　张：11
字　　数：210 千字
印　　数：0001—2000 册
定　　价：60.00 元

本书编委会

主　　编　于景龙

副 主 编　王介昌　岳晨曦

编写人员　张立武　杨　潇　云　锋　刘志军

　　　　　隋　严　李　帅　吕　达　郭剑飞

　　　　　刘朋林　张秉龙　李凌鑫　于　波

前　言

实现“碳达峰、碳中和”是党中央作出的重大战略决策，事关中华民族永续发展和构建人类命运共同体，是一场广泛而深刻的经济社会系统性变革。在我国实现能源电力全面加快绿色低碳转型的进程中，华能吉林发电有限公司新能源分公司（简称华能吉林新能源公司）全体员工将勇做“双碳”目标最忠实的践行者。

华能吉林新能源公司主要负责中国华能集团有限公司在吉林省新能源项目的运行维护和经营管理工作。截至2022年底，总装机容量230万kW，共管理9个风电场1043台风机、4个光伏电站和1个小水电站。按照华能吉林公司“十四五”发展规划，到“十四五”末期，华能吉林新能源公司管理的总装机容量将突破1000万kW，以建立现代化新能源智慧运维集控中心和检修中心为核心，打造成为基地型现代化可再生能源企业。

面对新形势，华能吉林新能源公司需要打造一支数量足、技术精、能吃苦、善攻坚的高质量人才队伍，提升企业核心竞争力，以高质量培训推动华能吉林新能源公司高质量发展。风电技能人员培养以实操培训为主，要提供数量和场地足够的实训工位和实训设备设施，通过实操培训连带理论学习，达到与风电场尽可能一致的真实而综合的职业环境，以真实的设备教学开展“真刀真枪”的“实战”培训，从而取得培训实效。为此，华能吉林新能源公司深入分析生产技能人员培训需求，结合检修实际工作，编撰了《风力发电生产人员岗位技能提升培训教材 技能鉴定操作实务》。本教材涵盖风力机系统检修、维护内容及操作要点，参照华能集团有限公司《电力生产技能人员岗位能力培训规范》和《风力发电机组检修、维护操作手册》，主要用于华能吉林新能源公司技术技能人员的实际操作培训和考核，对提高员工的实操技能将发挥重要作用。

希望华能吉林新能源公司全体员工深刻领会华能吉林公司党委《党组织建设工作纲要》对生产技术技能人员提出的殷切希望，增强学理论学技术的责任感和使命感，发扬“斗争精神”，强化“领先意识”，认真学习，钻研业务，不断提升技术技能水平，为实现新时期华能吉林新能源公司的高质量发展和高效运维作出应有的贡献。

本教材在编纂过程中，得到了华能吉林新能源公司领导高度重视，华能吉林新能源公司有关人员给予了密切配合和大力支持，在此，一并致以衷心的感谢！

由于编者水平有限，书中难免有不妥或错误之处，请读者批评指正。

编者

2023年1月

目　录

第一章　变桨编码器更换

第一节　变桨编码器更换操作技能任务书

一、安全要求

（一）基本要求

正确使用安全工器具，不发生人身伤害和设备损坏事故。

（二）风险点分析

（1）人身伤害。

（2）机械伤害。

（3）工器具伤害。

（4）设备损坏。

（三）安全措施

（1）专责监护人应履行监护责任，不得兼做其他工作，要选择便于监护的位置，监护的范围不得超过一个作业点。

（2）作业人员应听从工作负责人指挥。

（3）作业过程中，作业人员应始终穿戴防护用具。

（四）考核要求

1.工作准备

正确选择工具及器材；正确合理着装；不发生人身伤害和设备损坏事故。

2.作业过程

（1）停机、手动刹车，将轮毂机械锁锁闭。

（2）检查编码器的故障情况。

（3）断开控制柜电源开关、电池电源开关。

（4）拆卸接线并检查插头接线有无损坏现象。

（5）拆卸编码器。

（6）将新编码器插入变桨电机尾部，紧固编码器螺栓，装上编码器护罩，紧固护罩。

（7）恢复接线，恢复供电。

（8）重新启动变桨程序，对编码器进行调零和限位校正。

（9）恢复控制柜，人员撤出轮毂，将轮毂机械锁解除，解除手动刹车，恢复风机运行。

3.否定项说明

（1）违反中国华能集团公司《电力安全作业规程》（2020年版）。

（2）违反考场纪律。

（3）造成设备重大损坏。

（4）发生人身伤害事故。

二、实训作业指导书

（一）培训目标

通过专业理论学习和技能操作训练，使学员熟练掌握更换双馈变桨编码器的方法。

（二）任务描述

（1）更换变桨编码器的内容，接线应无折断，绝缘良好，无过热、变色、变形、磨损和覆盖漆剥落现象；核对编码器编号并抄录铭牌，将待拆动的部件做好标记。

（2）编码器调零时，手动变桨使桨叶调至实际零位，使用厂家专用工具，应满足厂家规定桨叶零位值。实际零位对准后，编码器手动复位，确保叶片实际零位与程序零位相吻合，不允许桨叶在其他位置校准。

（3）限位开关校准应在规定范围内。

（4）如果有双编码器，应对两个编码器进行相互校准。

（5）对工器具进行外观检查；材料工具选择符合要求；正确使用工器具；无不安全现象发生；验收工作正确、完整。

（三）培训对象

风电场检修作业人员。

（四）培训方式及时间

1.培训方式

教师现场讲解、示范，学员技能操作训练，培训结束后进行理论考核与实操测试。

2.培训时间

表 1-1　　培训学时

项目	时间
变桨编码器专业知识	2 学时
更换变桨编码器作业流程	4 学时
操作讲解、示范	1 学时
分组操作训练	12 学时
操作测试	1 学时
合计	20 学时

（五）培训参考教材与规程

（1）中国华能集团公司《风力发电场检修与维护技术导则》（Q/ HN-1-0000.08.014—2014）。

（2）中国华能集团公司《电力安全作业规程》（2020年版）。

（六）场地准备

（1）培训场所：风电场。

（2）培训工具及设备材料准备。

表 1-2　　安全工器具及材料清单

序号	名称	规格型号	数量	单位	备注
1	安全帽		1	个	
2	安全带		1	个	
3	双钩安全绳		1	个	
4	防坠器		1	个	
5	绝缘手套		1	套	
6	螺丝刀		2	把	一字、十字
7	记号笔		1	个	
8	万用表		1	个	
9	内六角扳手		1	套	
10	头灯		1	个	
11	轴柜钥匙		1	个	
12	小活动扳手		1	个	
13	扎带		1	把	
14	偏口钳		1	个	
15	电脑		1	个	
16	网线		1	根	

（七）操作步骤

1.准备工作

风力发电机组。

2.操作步骤

（1）开工准备。

1）现场复勘。

2）召开班前会。

3）布置工作现场、检查工器具。

（2）作业步骤。

1）验电。

2）风机停机。

3. 工作结束

（1）将现场所有工器具放回原位，摆放整齐。

（2）清理工作现场，离场。

（八）考核知识点

（1）接线应无折断，绝缘良好，无过热、变色、变形、磨损和覆盖漆剥落现象。

（2）核对编码器编号并抄录铭牌，将待拆动的部件做好标记。

（3）编码器调零时，手动变桨使桨叶调至实际零位，使用厂家专用工具，应满足厂家规定桨叶零位值。实际零位对准后，编码器手动复位，确保叶片实际零位与程序零位相吻合，不允许桨叶在其他位置校准。

（4）限位开关校准应在规定范围内。

（5）如果有双编码器，应对两个编码器进行相互校准。

第二节　变桨编码器更换操作技能考核评分标准

表 1-3　（变桨编码器更换）操作技能考评评分记录表

序号	项目	考核要点	配分	评分标准	得分	扣分	备注
1	工作准备						
1.1	着装穿戴	1. 穿工作服、绝缘鞋； 2. 戴安全帽、口罩、手套	5	1. 未穿工作服、绝缘鞋，未戴安全帽、线手套，每缺少一项扣1分； 2. 着装穿戴不规范，每处扣1分			
1.2	现场复勘	核对现场机位号与设备双重名称；检查装置的作业条件	4	出现以下任何一项，扣1分： 1. 未口述现场机位号与设备双重名称，扣1分； 2. 没有检查发电机质量动作； 3. 没有检查风速； 4. 有补充安全措施栏，没有补充措施的未在相应栏填写“无”			

续表

序号	项目	考核要点	配分	评分标准	得分	扣分	备注
1.3	工器具、材料检查	工器具、材料准备	10	出现以下任何一项，扣1分：培训工具未准备齐全，螺丝刀、记号笔、万用表、内六角扳手、头灯、轴距钥匙、小活动扳手、扎带、偏口钳、电脑、网线，落下一项扣1分			
		工器具材料放置	4	出现以下任何一项，扣2分： 1. 工器具未分区放置； 2. 备件未安全放置			
		安全带检查	3	出现以下任何一项，扣1分： 1. 未使用全方位安全带； 2. 安全带外观明显磨损现象或者绳索、编带有断裂、断股、扭结； 3. 未对安全带做冲击试验，冲击试验方法不正确［保险带（绳）、卡环冲击试验中没有受力］			
		材料检查	4	出现以下任何一项，扣2分： 1. 编码器有损伤； 2. 编码器规格型号与要求不一致			
2	工作过程						
2.1	正确使用个人安全用具	个人安全用具使用	4	未按要求扣紧袖口，发辫要放在帽内，防止衣服被转动部分挂住，扣4分			
2.2	验电、断电	验电、断电顺序及方法	6	1. 未按顺序断电、验电，扣2分； 2. 未对控制电源验电，扣2分，未对动力电源验电，扣2分（绝缘导线视为带电体）			

续表

序号	项目	考核要点	配分	评分标准	得分	扣分	备注
2.3	变桨编码器更换	更换过程	50	1. 未停机，手动刹车，扣3分； 2. 未锁紧叶轮锁，扣3分； 3. 未核对编码器编号并抄录铭牌，扣3分； 4. 未将待拆动的部件做好标识，扣3分； 5. 拔下编码器上接线插头，未检查插头接线是否有损坏现象和污物，扣3分； 6. 未检查导线应无折断，无过热变色、变形、磨损现象，扣2分； 7. 未断开控制柜电源开关，扣2分； 8. 未断开电池电源开关扣2分； 9. 未拆除编码器防护罩，扣2分； 10. 拆除编码器，将新编码器插入变桨电机尾部，未紧固编码器螺栓，扣2分； 11. 未装上编码器护罩，未紧固护罩，扣2分； 12. 恢复接线，恢复供电，重新启动变桨程序，未对编码器进行调零和限位校正，扣2分； 13. 编码器调零时，手动变桨使桨叶调至实际零位，使用厂家专用工具，未满足厂家规定桨叶零位值，扣2分； 14. 实际零位对准后，编码器未手动复位，扣2分；			

续表

序号	项目	考核要点	配分	评分标准	得分	扣分	备注
2.3	变桨编码器更换	更换过程	50	15. 确保叶片实际零位与程序零位相吻合，桨叶在其他位置校准的，扣3分； 16. 限位开关校准超过规定范围内，扣3分； 17. 如果有双编码器，未对两个编码器进行相互校准，扣2分； 18. 恢复控制柜，人员撤出轮毂，未将轮毂机械锁解除，扣3分； 19. 未解除手动刹车，恢复风机运行的，扣3分； 20. 风机启动，未检查信号是否正常，扣3分			
3	工作终结验收						
3.1	安全文明生产	汇报结束前，所选工器具放回原位，摆放整齐；无损坏原件、工具；恢复现场；无不安全行为	10	1. 出现不安全行为，每次扣5分； 2. 作业完毕，现场未清理恢复，扣2分，不彻底，扣1分； 3. 损坏工器具，每件扣3分			
		合计得分					

否定项说明：（1）违反中国华能集团公司《电力安全作业规程》（2020年版）；
（2）违反考场纪律；
（3）造成设备重大损坏；
（4）发生人身伤害事故

考试人员：　　　　　　　　　　考评员：　　　　　　　　　　年　月　日

第二章　变桨蓄电池检查与更换

第一节　变桨蓄电池检查与更换操作技能任务书

一、安全要求

（一）基本要求

正确使用安全工器具，不发生人身伤害和设备损坏事故。

（二）风险点分析

（1）人身伤害。

（2）工器具伤害。

（3）设备损坏。

（三）安全措施

（1）专责监护人应履行监护责任，不得兼做其他工作，要选择便于监护的位置，监护的范围不得超过一个作业点。

（2）作业人员应听从工作负责人指挥。

（3）作业现场及工具摆放位置周围应设置安全围栏、警示标志，防止其他人员进入作业现场。

（4）作业过程中，作业人员应始终穿戴防护用具。

（四）考核要求

1.工作准备

正确选择工具及器材；正确合理着装；不发生人身伤害和设备损坏事故。

2.作业过程

（1）测量新电池单体电压及内阻。

（2）将风机停机并切至“维护”“服务”模式。

（3）投入风机高速轴刹车盘，锁紧叶轮锁定销。

（4）变桨系统电源断开。

（5）依次拆下各电池正负极接线。

（6）取出外观变形、单体电池电压不足或电池内阻偏高的电池组，更换新电池组。

（7）使用规定的胶布等辅材安装电池，恢复接线。

（8）更换后测量整体电池组电压，确认故障消除，恢复送电。

3.否定项说明

（1）违反中国华能集团公司《电力安全作业规程》（2020年版）。

（2）违反考场纪律。

（3）造成设备重大损坏。

（4）发生人身伤害事故。

二、实训作业指导书

（一）培训目标

通过专业理论学习和技能操作训练，使学员熟练掌握变桨蓄电池检查与更换的方法。

（二）任务描述

（1）对变桨蓄电池检查与更换。

（2）对工器具进行外观检查；材料工具选择符合要求；正确使用工器具。无不安全现象发生；验收工作正确、完整。

（三）培训对象

风电场检修人员。

（四）培训方式及时间

1.培训方式

教师现场讲解、示范，学员技能操作训练，培训结束后进行技能测试。

2.培训时间

表2–1　　培训学时

项目	时间
变桨蓄电池专业知识	1学时
蓄电池更换作业流程	2学时
操作讲解、示范	4学时
分组操作训练	10学时
技能测试	1学时
合计	18学时

（五）培训参考教材与规程

中国华能集团有限公司《电力安全作业规程》（2020年版）。

（六）场地准备

（1）培训场所：风电场。

（2）场地及功能准备：必备2个以上工位，2组应考人员可以同时参加作业。考场布置现场工作间距足够，考生之间不得互相干扰；工具、材料按考核要求配备完备，对应的工作结果能够可靠评判。

（3）培训工具及设备材料准备（每工位）。

表 2-2 安全工器具及材料清单

序号	名称	规格型号	单位	数量	备注
1	蓄电池		块	54	现场准备
2	万用表		块	1	现场准备
3	内六角扳手		套	1	现场准备
4	活动扳手		把	1	现场准备
5	内阻测试仪		个	1	现场准备
6	组合工具	18 件套	套	1	现场准备
7	棘轮扳手	24 件套	套	1	现场准备
8	绝缘手套		双	1	现场准备
9	绝缘鞋		双	1	现场准备

（七）操作步骤

1.准备工作

（1）场地、功能准备。

1）场地准备：风力发电机组。

2）功能准备：各工位之间用遮拦隔离，场地清洁，无干扰。

（2）工器具材准备。

对进场的工器具进行检查，确保能够正常使用，并整齐摆放于防潮毡布上。工具器材要求质量合格、安全可靠、数量满足需要。

2.操作步骤

（1）开工准备。清点工具。

（2）作业步骤。正确使用工器具，不存在野蛮操作、违规使用安全工器具。

3.工作结束

（1）将现场所有工器具放回原位，摆放整齐。

（2）清理工作现场，离场。

（八）考核知识点及作业流程

（1）断电后的电池组仍有较高电压，应穿戴绝缘手套、绝缘鞋，拆下各单体电池接线，避免触碰线材的金属裸露部分。

（2）更换前测量应明确单体电池额定电压及满足使用寿命的电池内阻，例如电压不应低于12V，内阻不应高于37.4MΩ。

（3）检查电池安装是否牢靠。

（4）恢复接线时，应确保正负极连接正确，接线牢靠。

第二节　变桨蓄电池检查与更换操作技能考核评分标准

表 2-3　　变桨蓄电池检查与更换操作技能考评评分记录表

序号	项目	考核要点	配分	评分标准	得分	扣分	备注
1	工作准备						
1.1	着装穿戴	1. 穿工作服、绝缘鞋； 2. 戴安全帽、线手套	5	1. 未穿工作服、绝缘鞋，未戴安全帽、防护手套，每缺少一项扣 1 分； 2. 着装穿戴不规范，每处扣 1 分			
1.2	现场复勘	核对现场机位号与设备双重名称；检查装置的作业条件	4	出现以下任何一项，扣 1 分： 1. 未口述现场机位号与设备双重名称，扣 1 分； 2. 没有检查变桨质量动作； 3. 没有检查风速； 4. 有补充安全措施栏，没有补充措施的未在相应栏填写“无”			
1.3	工器具、材料检查	工器具、材料准备	6	出现以下任何一项，扣 1 分： 培训工具未准备齐全，蓄电池、万用表、内六角扳手、活口扳手、内阻测试仪、组合工具、棘轮扳手落下一项扣 1 分			
		规范工器具、材料放置	2	出现以下任何一项，扣 1 分： 1. 工器具未分区放置； 2. 备件未安全放置			
		安全带检查	3	出现以下任何一项，扣 1 分： 1. 未使用全方位安全带； 2. 安全带外观明显磨损现象或者绳索、编带有断裂、断股、扭结； 3. 未对安全带做冲击试验，冲击试验方法不正确［保险带（绳）、卡环冲击试验中没有受力］			
2	工作过程						

续表

序号	项目	考核要点	配分	评分标准	得分	扣分	备注
2.1	正确使用个人安全用具	个人安全用具使用规范	3	以下任何一项未完成，每项扣1分： 1. 进入轮毂前，工作人员应将随身所带物品（如手机、钥匙、笔等）全部拿出； 2. 对所带工器具应装在工具包中，拉好拉链； 3. 工作完毕应将带入轮毂内的工具物品全部带出			
2.2	新蓄电池检查与组装	组装注意事项	15	1. 未检查清点电池数量与型号、未检查规格是否符合设计要求，扣3分； 2. 未检查电池外观无损坏、鼓包及漏液情况，扣2分； 3. 未采用内阻测试仪对电池进行测试（环境温度：25℃），标准单块阻值在21MΩ（正常范围在15~26MΩ之间），电池整箱电压不应不低于230V，扣5分； 4. 未将新蓄电池底部贴上专用双面胶均匀固定在金属固定栅格内，并用橡胶垫块镶嵌好，扣2分； 5. 蓄电池运输过程未将电池端子、连接片上使用绝缘盖，以防电击伤人，扣3分			
2.3	蓄电池检查与更换	蓄电池检查步骤	15	1. 未检查变桨电池充电装置直流输出接线是否可靠，扣2分； 2. 未断开轴箱电源及电池电源，扣2分； 3. 未检查蓄电池外观有无鼓包、漏液及锈栓情况，扣3分； 4. 未检查万用表测量蓄电池两端电压是否在合格范围内，扣3分； 5. 未使用内阻测试仪测量电池内阻是否在合格范围内并记录，扣5分			

续表

序号	项目	考核要点	配分	评分标准	得分	扣分	备注
2.3	蓄电池检查与更换	蓄电池更换步骤及注意事项	30	1. 当一只桨叶垂直向下时，手动刹车并锁上风轮锁紧销，未锁轮毂，扣 2 分； 2. 将电池柜中各组蓄电池的连接线断开，未拆解固定螺栓，扣 3 分； 3. 拆解电池组时小心避免接触串联后的直流电压两端，发生电击或短路情况，扣 5 分； 4. 分别将各组新蓄电池组进行回装，并将电池连接线插紧，未用小扎带固定，扣 4 分； 5. 各连接线插头紧固，有松动、接触不良等情况，扣 3 分； 6. 未依次将各组蓄电池安装固定并紧固力矩，扣 2 分； 7. 将每个电池柜内各电池组间的串联线连接好，未检查接线及电池正负极位置确保无误，扣 5 分； 8. 手动触发变桨充电循环按钮，未观察变桨充电循环是否工作正常，扣 3 分； 9. 更换工作结束后，应对蓄电池连续充电 24h，充电过程中不得运行风机，出现启动风机运行情况的，扣 3 分			
2.4	蓄电池测试	蓄电池更换后检查及测试	10	1. 充电结束后，登机测量电池电压≥ 230V，电池内阻在标准值范围内，未测量电压和阻值的，扣 2 分； 2. 使用上位机软件对变桨系统电池进行充电试验，未查看电池相关参数是否正确，扣 3 分； 3. 复位启动风机，当桨角位置为 60° ~70° 时，按下紧急停机按钮，未测试使用电池收桨正常，无收桨慢、电池电压低等故障，扣 5 分			

续表

序号	项目	考核要点	配分	评分标准	得分	扣分	备注
2.5	环保要求	电池更换应满足环保要求	3	废旧电池应放置指定回收位置，并登记台账，不得随意丢弃，出现随意丢弃的，扣3分			
3	工作终结验收						
3.1	安全文明生产	汇报结束前，所选工器具放回原位，摆放整齐；无损坏原件、工具；恢复现场；无不安全行为	5	1. 出现不安全行为，扣2分； 2. 作业完毕，现场未清理恢复，扣2分，不彻底，扣1分； 3. 损坏工器具，扣1分			
合计得分							

否定项说明：（1）违反中国华能集团公司《电力安全作业规程》（2020年版）；
（2）违反考场纪律；
（3）造成设备重大损坏；
（4）发生人身伤害事故

考试人员：　　　　　　考评员：　　　　　　年　月　日

第三章　齿轮箱滤芯更换

第一节　齿轮箱润滑油滤芯更换操作技能任务书

一、安全要求

（一）基本要求

正确使用安全工器具，不发生人身伤害和设备损坏事故。

（二）风险点分析

（1）人身伤害。

（2）工器具伤害。

（3）设备损坏。

（三）安全措施

（1）专责监护人应履行监护责任，不得兼做其他工作，要选择便于监护的位置，监护的范围不得超过一个作业点。

（2）作业人员应听从工作负责人指挥。

（3）作业现场及工具摆放位置周围应设置安全围栏、警示标志，防止其他人员进入作业现场。

（4）作业过程中，作业人员应始终穿戴防护用具。

（四）考核要求

1.工作准备

正确选择工具及器材；正确合理着装；不发生人身伤害和设备损坏事故。

2.作业过程

（1）将风机停机并切至“维护”“服务”模式。

（2）投入风机高速轴刹车盘。

（3）断开齿轮箱油泵电机电源。

（4）打开放油球阀，将滤筒内的润滑油排出。

（5）已逆时针方向旋转拆掉滤盖，提出滤芯。

（6）将新滤芯安装到滤芯筒内支架上。

（7）关闭放油阀，盖紧滤芯筒端盖。

（8）启动润滑系统，排气，检查是否有渗油，压力是否正常。

3.否定项说明

（1）违反中国华能集团公司《电力安全作业规程》（2020年版）。

（2）违反考场纪律。

（3）造成设备重大损坏。

（4）发生人身伤害事故。

二、实训作业指导书

（一）培训目标

通过专业理论学习和技能操作训练，使学员熟练掌握滤芯更换的方法。

（二）任务描述

（1）对齿轮箱过滤系统滤芯进行更换。

（2）对工器具进行外观检查；材料工具选择符合要求；正确使用工器具。无不安全现象发生；验收工作正确、完整。

（三）培训对象

风电场检修人员。

（四）培训方式及时间

1.培训方式

教师现场讲解、示范，学员技能操作训练，培训结束后进行技能测试。

2.培训时间

表 3-1　培训学时

项目	时间
过滤系统专业知识	1 学时
滤芯更换作业流程	2 学时
操作讲解、示范	2 学时
分组操作训练	10 学时
技能测试	1 学时
合计	16 学时

（五）培训参考教材与规程

中国华能集团有限公司《电力安全作业规程》（2020年版）。

（六）场地准备

（1）培训场所：风电场创新活动室。

（2）场地及功能准备：必备2个以上工位，2组应考人员可以同时参加作业。考场布置现场工作间距足够，考生之间不得互相干扰；工具、材料按考核要求配备完备，对应的工作结果能够可靠评判。

（3）培训工具及设备材料准备（每工位）。

表 3-2　安全工器具及材料清单

序号	名称	规格型号	单位	数量	备注
1	滤芯		个	1	现场准备
2	接油桶		个	1	现场准备
3	内六角扳手		套	1	现场准备
4	活动扳手		把	1	现场准备
5	抹布		捆	1	现场准备
6	密封圈		个	1	现场准备

（七）操作步骤

1.准备工作

（1）场地、功能准备。

1）场地准备：风力发电机组。

2）功能准备：各工位之间用遮拦隔离，场地清洁，无干扰。

（2）工器具材准备。

对进场的工器具进行检查，确保能够正常使用，并整齐摆放于防潮毡布上。工具器材要求质量合格、安全可靠、数量满足需要。

2.操作步骤

（1）开工准备。

清点工具。

（2）作业步骤。

正确使用工器具，不存在野蛮操作、违规使用安全工器具。

3.工作结束

（1）将现场所有工器具放回原位，摆放整齐。

（2）清理工作现场，离场。

（八）考核知识点及作业流程

滤芯更换专业知识：

（1）工具的使用。

（2）滤芯更换的注意事项。

（3）恢复后对润滑系统检查及测试。

第二节　齿轮箱润滑油滤芯更换操作技能考核评分标准

表 3-3　　齿轮箱润滑油滤芯更换操作技能考评评分记录表

序号	项目	考核要点	配分	评分标准	得分	扣分	备注
1	工作准备						
1.1	着装穿戴	1. 穿工作服、绝缘鞋； 2. 戴安全帽、线手套	5	1. 未穿工作服、绝缘鞋，未戴安全帽、胶皮手套，每缺少一项扣 1 分； 2. 着装穿戴不规范，每处扣 1 分			
1.2	现场复勘	核对现场机位号与设备双重名称。检查装置的作业条件	4	出现以下任何一项，扣 1 分： 1. 未口述现场机位号与设备双重名称； 2. 没有检查过滤系统质量动作； 3. 没有检查风速； 4. 有补充安全措施栏，没有补充措施的未在相应栏填写“无”			
1.3	工器具、材料检查	工器具、材料准备	6	出现以下任何一项，扣 1 分； 培训工具未准备齐全，滤芯、接油桶、内六角扳手、活口扳手、抹布、密封圈，落下一项扣 1 分			
		工器具、材料放置规范	2	出现以下任何一项，扣 1 分： 1. 工器具未分区放置； 2. 备件未安全放置			
		安全带要求	3	出现以下任何一项，扣 1 分： 1. 未使用全方位安全带； 2. 安全带外观明显磨损现象或者绳索、编带有断裂、断股、扭结； 3. 未对安全带做冲击试验，冲击试验方法不正确［保险带（绳）、卡环冲击试验中没有受力］			
2	工作过程						

续表

序号	项目	考核要点	配分	评分标准	得分	扣分	备注
2.1	正确使用个人安全用具	个人安全用具使用规范	2	1. 未使用口罩，扣1分； 2. 未按要求扣紧袖口，防止衣服被转动部分挂住，扣1分			
2.2	断电	断电及注意事项	5	1. 关闭齿轮箱油泵电机电源，防止更换滤芯时自动打压造成伤害，未关闭齿轮箱油泵电机电源，扣3分； 2. 风机停运30 min后进行更换，防止油温过高烫伤，未满足停机时间要求的，扣2分			
2.3	拆卸滤芯	拆卸滤芯过程	15	1. 打开放油阀把滤筒中的润滑油放出至空油桶，防止更换滤芯时油液溢出，出现油液溢出的或未准备空桶的，扣5分； 2. 未拆下滤盖上的排气软管，扣2分； 3. 以逆时针方向旋转拆下滤盖，拆卸前未确认上筒体与筒体之间的紧固圈要锁紧，防止在拆卸过程中上筒体转动，扣5分； 4. 提出滤芯，将滤芯提出放入废油桶，旧滤芯随意放置的，扣3分			
2.4	滤芯更换	滤芯更换步骤及注意事项	25	1. 未检查滤芯表面和滤筒内是否有铁屑以及类似物、如果有大颗粒物，预示着齿轮箱零件可能出现问题，扣5分； 2. 未用抹布清理过滤筒内部、集污盘及滤芯顶盖，扣5分； 3. 未检查密封圈是否完好，扣5分； 4. 将清理干净的集污盘安装到新滤芯的卡槽中，把新滤芯安装到滤芯筒内支架上、新滤芯未安装到位，扣5分；			

续表

序号	项目	考核要点	配分	评分标准	得分	扣分	备注
2.4	滤芯更换	滤芯更换步骤及注意事项	25	5. 关闭放油阀、安装好滤盖的密封圈，以防止滤盖漏油，滤盖拧紧后未回退 1/4 圈，扣 5 分			
2.5	润滑系统检查	润滑系统检查及测试	20	1. 合上润滑油泵电机电源，打开油泵前将齿轮箱侧面的通风管拧下，启动润滑系统等过滤器内的空气排完，有油流出再拧紧排气管，无此操作的，扣 5 分； 2. 启动润滑系统后未检查过滤器端盖等部位是否漏油，扣 5 分； 3. 未查看齿轮箱油压与入口油压是否在正常范围内，扣 5 分； 4. 未检查滤芯发讯器是否正常、如正常、齿轮箱可以正常运转，扣 5 分			
2.6	环保要求	滤芯更换应满足环保要求	8	1. 未将洒落油污清理干净，扣 3 分； 2. 废旧滤芯及抹布应放置指定回收位置，并登记台账，随意丢弃的，扣 5 分			
3	工作终结验收						
3.1	安全文明生产	汇报结束前，所选工器具放回原位，摆放整齐；无损坏原件、工具；恢复现场；无不安全行为	5	1. 出现不安全行为，每次扣 1 分； 2. 作业完毕，现场未清理恢复，扣 2 分；不彻底，扣 1 分； 3. 损坏工器具，每件扣 2 分			
		合计得分					

否定项说明：（1）违反中国华能集团公司《电力安全作业规程》；

（2）违反考场纪律；

（3）造成设备重大损坏；

（4）发生人身伤害事故

考试人员：　　　　　　　　　　　　考评员：　　　　　　　　　　　　年　月　日

第四章　齿轮箱润滑油更换

第一节　齿轮箱润滑油更换操作技能任务书

一、安全要求

（一）基本要求

正确使用安全工器具，不发生人身伤害和设备损坏事故。

（二）风险点分析

（1）人身伤害。

（2）机械伤害。

（3）工器具伤害。

（4）设备损坏。

（三）安全措施

（1）专责监护人应履行监护责任，不得兼做其他工作，要选择便于监护的位置，监护的范围不得超过一个作业点。

（2）作业人员应听从工作负责人指挥。

（3）作业过程中，作业人员应始终穿戴防护用具。

（四）考核要求

1.工作准备

正确选择工具及器材；正确合理着装；不发生人身伤害和设备损坏事故。

2.作业过程

（1）确认齿轮箱润滑油需要更换。

（2）准备盛放废油的容器。

（3）齿轮箱润滑油泵停运停电后，确认无喷射危险后开始放油。

（4）加入适量清洗油进行箱体清洗。

（5）放出清洗油。

（6）加入齿轮箱润滑油至正常油位。

（7）检查润滑油无渗漏。

（8）确认齿轮箱润滑油循环流量正常，循环时间持续30min。

（9）静置30min后检查油位，如油位低补充润滑油。

（10）恢复齿轮箱润滑油泵循环，观察油温正常与否，油压正常与否。

3.否定项说明

（1）违反中国华能集团公司《电力安全作业规程》（2020年版）。

（2）违反考场纪律。

（3）造成设备重大损坏。

（4）发生人身伤害事故。

二、实训作业指导书

（一）培训目标

通过专业理论学习和技能操作训练，使学员熟练掌握更换齿轮箱润滑油的方法。

（二）任务描述

（1）在停机时，关闭齿轮箱润滑油泵，等待约30min后，检查齿轮箱油位；按齿轮箱厂规定要求执行。例如，齿轮箱油位应位于齿轮箱油位计玻璃窗的最高油位和最低油位之间，接近于标准油位处。

（2）润滑油外观检查。打开齿轮箱观察孔，检查齿轮箱油面无杂质、泡沫等，闻一闻是否有燃烧退化过的味道。

（3）取油样化验（根据油样检验结果给出处理方案），油样化验依照国家行业企业相关标准或制造厂家的设备维护手册的标准执行。

（4）油样采样时，应锁紧叶轮并按下紧急刹车，取样点应在进入过滤器前的排油口，取样前应先将排油阀及附件清洁干净，放油100mL后取样。

（5）掌握齿轮箱油更换的作业流程。

（6）对工器具进行外观检查；材料工具选择符合要求；正确使用工器具；无不安全现象发生；验收工作正确、完整。

（三）培训对象

风电场检修作业人员。

（四）培训方式及时间

1.培训方式

教师现场讲解、示范，学员技能操作训练，培训结束后进行理论考核与实操测试。

2.培训时间

表4-1　培训学时

项目	时间
齿轮箱油专业知识	1学时
更换齿轮箱油作业流程	2学时

续表

项目	时间
操作讲解、示范	2 学时
分组操作训练	6 学时
操作测试	1 学时
合计	12 学时

（五）培训参考教材与规程

（1）中国华能集团公司《风力发电场检修与维护技术导则》（Q/ HN-1-0000.08.014—2014）。

（2）中国华能集团公司《电力安全作业规程》（2020年版）。

（六）场地准备

（1）培训场所：风电场。

（2）培训工具及设备材料准备。

表 4-2　　安全工器具及材料清单

序号	名称	规格型号	数量	单位	备注
1	安全帽		1	个	
2	头灯		1	个	
3	线手套		1	套	
4	抹布		1	捆	
5	集油瓶		1	个	
6	废油收集桶		1	个	
7	量杯		1	个	
8	工业擦拭纸		1	包	
9	排油塞密封垫圈		1	个	
10	加油工装		1	个	
11	齿轮箱润滑油		若干	升	
12	套筒组件		1	套	
13	力矩扳手		1	套	
14	棘轮扳手		1	把	
15	黑色碳素笔		1	个	
16	万用表		1	个	

（七）操作步骤

1.准备工作

风力发电机组。

2.操作步骤

（1）开工准备。

1）现场复勘。

2）召开班前会。

3）布置工作现场、检查工器具。

（2）作业步骤。

1）验电。

2）风机停机。

3.工作结束

（1）将现场所有工器具放回原位，摆放整齐。

（2）清理工作现场，后离场。

（八）考核知识点

（1）润滑油经有资质机构化验油质不合格时，必须进行润滑油更换。

（2）确定高速刹车抱死，机械刹车锁定，齿轮箱无转动可能。

（3）将盛放废油的容器放于合适位置。

（4）检查油泵确认不循环，油泵电机供电负荷开关拉开。

（5）从放油孔放油时，确保随时可以停止，防止因为盛放容器已满而导致的溢油。

（6）确认废油排放完毕，打开磁性螺栓并将其清洁，去除其吸附的铁屑等金属杂物后将其装回原位并关闭放油孔。

（7）加入标准油量1/3的新齿轮箱润滑油作为清洗油（或者按照厂家要求加入适量清洗油）。

（8）放出清洗油并检查其洁净程度，如果仍较脏则需进一步清洗。

（9）放出清洗油后，再次清洁磁性螺栓上的铁屑等金属杂物。

（10）清洗后更换新的润滑油滤芯。

（11）按照齿轮箱厂家要求加入合格的齿轮箱润滑油。

（12）观察油位在标准位置。

（13）检查齿轮箱连接油管和接头无渗漏。

（14）打开观察孔确认齿轮箱润滑油循环流量正常。

（15）恢复风机观察齿轮箱润滑油位、油温传感器信号是否正常。

（16）连续运行观察齿轮箱润滑油温变化情况。

第二节　齿轮箱润滑油更换操作技能考核评分标准

表 4–3　　齿轮箱润滑油更换操作技能考评评分记录表

序号	项目	考核要点	配分	评分标准	得分	扣分	备注
1	工作准备						
1.1	着装穿戴	1. 穿工作服、绝缘鞋； 2. 戴安全帽、口罩、手套	5	1. 未穿工作服、绝缘鞋，未戴安全帽、线手套，每缺少一项扣 1 分； 2. 着装穿戴不规范，每处扣 1 分			
1.2	现场复勘	核对现场机位号与设备双重名称；检查装置的作业条件	4	出现以下任何一项，扣 1 分： 1. 未口述现场机位号与设备双重名称； 2. 没有检查发电机质量动作； 3. 没有检查风速； 4. 有补充安全措施栏，没有补充措施的未在相应栏填写“无”			
1.3	工器具、材料检查	工器具、材料准备	10	培训工具未准备齐全，抹布、集油瓶、废油收集桶、量杯、工业擦拭纸、排油塞密封圈、加油工装、齿轮箱润滑油、套筒组件、扭力扳手，落下一项扣 1 分			
		工器具、材料放置规范	4	出现以下任何一项，扣 2 分： 1. 工器具未分区放置； 2. 备件未安全放置			
		安全带要求	3	出现以下任何一项，扣 1 分： 1. 未使用全方位安全带； 2. 安全带外观明显磨损现象或者绳索、编带有断裂、断股、扭结； 3. 未对安全带做冲击试验，冲击试验方法不正确［保险带（绳）、卡环冲击试验中没有受力］			

续表

序号	项目	考核要点	配分	评分标准	得分	扣分	备注
1.3	工器具、材料检查	材料检查	4	出现以下任何一项，扣2分： 1. 编码器有损伤； 2. 编码器规格型号与要求不一致			
2	工作过程						
2.1	正确使用个人安全用具	个人安全用具使用规范	4	未按要求扣紧袖口，发辫要放在帽内，防止衣服被转动部分挂住，扣4分			
2.2	验电、断电	验电、断电顺序及方法	6	1. 未按顺序断电、验电，扣2分； 2. 未对控制电源验电，扣2分；未对动力电源验电，扣2分（绝缘导线视为带电体）			
2.3	齿轮箱润滑油更换	更换过程	50	1. 润滑油未经有资质机构化验油质不合格时，进行润滑油更换，扣3分； 2. 未将高速刹车抱死，未进行机械刹车锁定，齿轮箱有转动可能，扣3分； 3. 将盛放废油的容器放于合适位置，扣3分； 4. 未检查油泵不循环，未将油泵电机供电负荷开关拉开，扣3分； 5. 从放油孔放油时，未确保随时可以停止，防止因为盛放容器已满而导致的溢油的，扣3分； 6. 确认废油排放完毕，未打开磁性螺栓并将其清洁，未去除其吸附的铁屑等金属杂物后将其装回原位并关闭放油孔，扣3分； 7. 未加入标准油量1/3的新齿轮箱润滑油作为清洗油（或者未按照厂家要求加入适量清洗油），扣4分； 8. 未放出清洗油并检查其洁净程度，扣3分；			

续表

序号	项目	考核要点	配分	评分标准	得分	扣分	备注
2.3	齿轮箱润滑油更换	更换过程	50	9. 放出清洗油后，未再次清洁磁性螺栓上的铁屑等金属杂物，扣 3 分； 10. 清洗后未更换新的润滑油滤芯，扣 4 分； 11. 按照齿轮箱厂家要求未加入合格的齿轮箱润滑油，扣 3 分； 12. 未观察油位在标准位置的，扣 3 分； 13. 未检查齿轮箱连接油管和接头无渗漏的，扣 3 分； 14. 未打开观察孔确认齿轮箱润滑油循环流量正常，扣 3 分； 15. 未确定风机齿轮箱润滑油位、油温传感器信号是否正常，扣 3 分； 16. 未连续运行观察齿轮箱润滑油温变化情况，扣 3 分			
3	工作终结验收						
3.1	安全文明生产	汇报结束前，所选工器具放回原位，摆放整齐；无损坏原件、工具；恢复现场；无不安全行为	10	1. 出现不安全行为，每次扣 5 分； 2. 作业完毕，现场未清理恢复，扣 2 分；不彻底，扣 1 分； 3. 损坏工器具，每件扣 3 分			
合计得分							

否定项说明：（1）违反中国华能集团公司《电力安全作业规程》（2020 年版）；
（2）违反考场纪律；
（3）造成设备重大损坏；
（4）发生人身伤害事故

考试人员：　　　　　　　　　　考评员：　　　　　　　　　　年　月　日

第五章 齿轮箱更换

第一节 齿轮箱更换操作技能任务书

一、安全要求

（一）基本要求

正确使用安全工器具，不发生人身伤害和设备损坏事故。

（二）风险点分析

（1）人身伤害。

（2）机械伤害。

（3）工器具伤害。

（4）设备损坏。

（三）安全措施

（1）专责监护人应履行监护责任，不得兼做其他工作，要选择便于监护的位置，监护的范围不得超过一个作业点。

（2）作业人员应听从工作负责人指挥。

（3）作业过程中，作业人员应始终穿戴防护用具。

（四）考核要求

1.工作准备

正确选择工具及器材；正确合理着装；不发生人身伤害和设备损坏事故。

2.作业过程

（1）拆解阶段。

1）风轮拆卸。

2）联轴器拆卸。

3）机舱罩拆卸。

4）传动链拆卸。

（2）回装阶段。

1）传动链回装。

2）机舱罩回装。

3）风轮回装。

4）联轴器安装。

5）作业环境清理。

（3）调试阶段。

1）齿轮箱冷却系统调试。

2）制动器调试。

3）变桨系统调试。

4）部分功能测试。

（4）试运阶段。

1）运行状态检查。

2）运行数据比对分析。

3.否定项说明

（1）违反中国华能集团公司《电力安全作业规程》（2020年版）。

（2）违反考场纪律。

（3）造成设备重大损坏。

（4）发生人身伤害事故。

二、实训作业指导书

（一）培训目标

通过专业理论学习和技能操作训练，使学员熟练掌握更换双馈齿轮箱的方法。

（二）任务描述

（1）掌握齿轮箱拆解阶段、回装阶段、调试阶段、试运阶段的检修过程及控制要点。

（2）对工器具进行外观检查；材料工具选择符合要求；正确使用工器具；无不安全现象发生；验收工作正确、完整。

（三）培训对象

风电场检修作业人员。

（四）培训方式及时间

1.培训方式

教师现场讲解、示范，学员技能操作训练，培训结束后进行理论考核与实操测试。

2.培训时间

表5-1　培训学时

项目	时间
齿轮箱专业知识	4学时
更换齿轮箱作业流程	4学时

续表

项目	时间
操作讲解、示范	8 学时
操作训练	24 学时
操作测试	8 学时
合计	48 学时

（五）培训参考教材与规程

（1）中国华能集团公司《风力发电场检修与维护技术导则》(Q/ HN-1-0000.08.014—2014)。

（2）中国华能集团公司《电力安全作业规程》(2020年版)。

（六）场地准备

（1）培训场所：风电场。

（2）培训工具及设备材料准备。

表 5-2　　安全工器具及材料清单

序号	名称	规格型号	数量	单位	备注
1	起重器	500 t	1	个	
2	起重器	25 t	1	个	
3	运输车		1	个	运输起重器附件
4	液压站		1	个	用于拆卸安装主轴、齿轮箱、齿轮箱弹性支撑胀紧套螺栓
5	液压扳手		1	个	用于拆卸安装主轴、齿轮箱、齿轮箱弹性支撑胀紧套螺栓
6	电动扳手		2	个	用于拆卸安装主轴、齿轮箱、齿轮箱弹性支撑胀紧套螺栓
7	预置式力矩扳手		2	个	用于拆卸安装联轴器螺栓
8	棘轮套筒扳手组合		1	套	拆卸附件
9	螺丝刀组合		1	套	拆卸电缆固定夹
10	呆扳手组合		1	套	拆卸附件
11	钳工套组		1	套	拆卸附件
12	安全帽		1	个	
13	安全带		1	个	

（七）操作步骤

1.准备工作

风力发电机组。

2.操作步骤

（1）开工准备。

1）现场复勘。

2）召开班前会。

3）布置工作现场、检查工器具。

（2）作业步骤。

1）验电。

2）风机停机。

3.工作结束

（1）将现场所有工器具放回原位，摆放整齐。

（2）清理工作现场，离场。

（八）考核知识点

1.拆解阶段

（1）风速超过8m/s时，不应进行吊装工作。

（2）拆除传动链所有转速传感器。

（3）拆下滑环，将轮毂与齿轮箱之间连接的信号线和动力线从齿轮箱空心管中抽出。

（4）拆除轮毂与主轴连接螺栓，按吊装要求卸下风轮。

（5）保持刹车制动状态，拆除制动器罩壳和联轴器罩壳，再松开制动器，锁住主轴。

（6）拔下机舱照明、起重器电源插头，断开风速仪、风向标机舱内的接插件，拆卸机舱罩。

（7）拆下齿轮箱传感器、外接线。

（8）关闭液压泵开关，手动泄压，将主轴刹车器上的液压油管拆下，并用塑料袋包好油管接头，防止灰尘进入。

（9）起重器吊住传动链装置的起吊点，保持水平。

（10）拆除联轴器，松开主轴轴承座与机架连接螺栓，松开齿轮箱弹性支撑座与机架连接螺栓。

（11）检查吊装吊耳螺栓、检查传动链外围接线全部拆除、确认好地面传动链支架已放置到指定位置，慢慢吊起整个传动链，用手拉电动葫芦调整传动链的起吊水平，吊下后将传动链放置于安全位置。

2.回装阶段

（1）安装前检查新传动链关联设备齐全、完好。

（2）将机架上主轴轴承座、齿轮箱弹性支撑座的安装面清洗干净，安装轴承座、齿轮箱弹性支承座导柱螺栓。

（3）按吊装要求，将传动链缓慢吊起，对准机舱内位置，必须将齿轮箱底脚与弹性支架位置对准，缓慢落下。

（4）安装主轴轴承座与机架连接螺栓，拧紧定位销，将主轴轴承座、齿轮箱弹性支撑座与机架的连接螺栓按厂家作业指导书要求力矩紧固到位，并做好力矩标识。

（5）在机舱罩壳吊起时，要将地缆风绳绑好慢慢吊起，机舱罩壳所吊高度需高于机舱壁高度并对准机舱壁定位销、螺栓孔，拧紧螺栓，并做好力矩标识。

（6）按吊装要求安装风轮。

（7）所有高强度螺栓拆除后必须更换为同型号新螺栓。

（8）安装齿轮箱中心管轴组件。

（9）用卷尺检查联轴器的制动盘与锁紧盘端面装配尺寸满足安装尺寸要求，安装联轴器，按厂家作业指导书要求力矩紧固到位，并做好力矩标识。

（10）安装齿轮箱传感器、外接线、管路等。

（11）安装变桨通信滑环、发电机排气罩、风速仪、风向标，安装机舱照明电源插头、机舱起重器电源插头，电缆应按已做标记正确连接。

（12）回装完成后，必须使用对中仪找中，校核安装偏差。

（13）做好完工场地清洁。

3.调试阶段

（1）确认齿轮箱冷却系统工作正常。

（2）观察面板上齿轮箱轴承温度正常。

（3）检查润滑系统是否正常，无渗漏。

（4）主轴刹车试验。

（5）检查变桨通信正常，手动变桨测试。

（6）检查风速仪、风向标、温度传感器、测速传感器工作正常。

（7）检查防雷保护系统接地炭刷等安装可靠，接地良好。

4.试运阶段

（1）复位启机，解决出现的故障。

（2）确认无任何报警信号。

（3）观察齿轮箱高速轴转速与发电机转速对比。

（4）检查齿轮箱是否有振动和异响。

（5）在控制面板上观察齿轮箱各温度测点变化趋势。

（6）确认与发电机自身有关参数设定是否正确。

（7）启动机组前应适当限制发电功率，满足齿轮箱磨合要求。

（8）试运结束后，应及时对齿轮箱油取样化验。

第二节　齿轮箱更换操作技能考核评分标准

表 5-3　　齿轮箱更换操作技能考评评分记录表

序号	项目	考核要点	配分	评分标准	得分	扣分	备注
1	工作准备						
1.1	着装穿戴	1. 穿工作服、绝缘鞋； 2. 戴安全帽、口罩、手套	5	1. 未穿工作服、绝缘鞋，未戴安全帽、线手套，每缺少一项扣 1 分； 2. 着装穿戴不规范，每处扣 1 分			
1.2	现场复勘	核对现场机位号与设备双重名称；检查装置的作业条件	4	出现以下任何一项，扣 1 分： 1. 未口述现场机位号与设备双重名称； 2. 没有检查齿轮箱质量动作； 3. 没有检查风速； 4. 有补充安全措施栏，没有补充措施的未在相应栏填写“无”			
1.3	工器具、材料检查	工器具、材料准备	4	培训工具未准备齐全，液压站、液压扳手、电动扳手、预置式扭力扳手、棘轮套筒组合、钳工套组，落下一项扣 1 分			
		工器具、材料放置规范	2	出现以下任何一项，扣 1 分： 1. 工器具未分区放置； 2. 备件未安全放置			
		安全带要求	3	出现以下任何一项，扣 1 分： 1. 未使用全方位安全带； 2. 安全带外观明显磨损现象或者绳索、编带有断裂、断股、扭结； 3. 未对安全带做冲击试验，冲击试验方法不正确［保险带（绳）、卡环冲击试验中没有受力］			

续表

序号	项目	考核要点	配分	评分标准	得分	扣分	备注
1.3	工器具、材料检查	材料检查	2	出现以下任何一项，扣1分： 1. 编码器有损伤； 2. 编码器规格型号与要求不一致			
2	工作过程						
2.1	正确使用个人安全用具	个人安全用具使用规范	2	未按要求扣紧袖口，发辫要放在帽内，防止衣服被转动部分挂住，扣2分			
2.2	验电、断电	验电、断电顺序及方法	4	1. 未按顺序断电、验电，扣2分； 2. 遗漏验电的内容，每项内容扣2分（绝缘导线视为带电体）			
2.3	拆卸阶段	1. 风轮拆卸； 2. 联轴器拆卸； 3. 机舱罩拆卸； 4. 传动链拆卸	22	1. 风速超过8m/s时，不应进行吊装工作，吊装前未查看风速是否适合作业，扣2分； 2. 拆除传动链所有转速传感器，有遗漏的，扣2分； 3. 拆下滑环，将轮毂与齿轮箱之间连接的信号线和动力线从齿轮箱空心管中抽出，操作过程中导致线破损的，扣2分； 4. 拆除轮毂与主轴连接螺栓，未按吊装要求卸下风轮，扣2分； 5. 保持刹车制动状态，拆除制动器罩壳和联轴器罩壳，再松开制动器，未锁住主轴，扣2分； 6. 拔下机舱照明、起重器电源插头，断开风速仪、风向标机舱内的接插件，拆卸机舱罩，出现遗漏项的，扣2分； 7. 拆下齿轮箱传感器、外接线，操作过程中导致器件破损的，扣2分；			

续表

序号	项目	考核要点	配分	评分标准	得分	扣分	备注
2.3	拆卸阶段	1. 风轮拆卸； 2. 联轴器拆卸； 3. 机舱罩拆卸； 4. 传动链拆卸	22	8. 关闭液压泵开关，手动泄压，将主轴刹车器上的液压油管拆下，并用塑料袋包好油管接头，防止灰尘进入，油管接头未做防护措施的，扣 2 分； 9. 起重器吊住传动链装置的起吊点，未保持水平，扣 2 分； 10. 拆除联轴器，松开主轴轴承座与机架连接螺栓，松开齿轮箱弹性支撑座与机架连接螺栓，扣 2 分； 11. 检查吊装吊耳螺栓、检查传动链外围接线全部拆除、未确认好地面传动链支架已放置到指定位置，慢慢吊起整个传动链，用手拉电动葫芦调整传动链的起吊水平，吊下后将传动链放置于安全位置，放置位置不妥当的，扣 2 分			
	回装阶段	1. 传动链回装； 2. 机舱罩回装； 3. 风轮回装； 4. 联轴器安装； 5. 作业环境清理	24	1. 安装前未检查新传动链关联设备是否齐全、完好，扣 2 分； 2. 未将机架上主轴轴承座、齿轮箱弹性支撑座的安装面清洗干净，安装轴承座、齿轮箱弹性支承座导柱螺栓，扣 2 分； 3. 按吊装要求，将传动链缓慢吊起，对准机舱内位置，未将齿轮箱底脚与弹性支架位置对准，扣 2 分； 4. 安装主轴轴承座与机架连接螺栓，拧紧定位销，将主轴轴承座、齿轮箱弹性支撑座与机架的连接螺栓，未按厂家作业指导书要求力矩紧固到位，并做好力矩标识，扣 2 分；			

续表

序号	项目	考核要点	配分	评分标准	得分	扣分	备注
2.3	回装阶段	1. 传动链回装； 2. 机舱罩回装； 3. 风轮回装； 4. 联轴器安装； 5. 作业环境清理	24	5. 在机舱罩壳吊起时，要将地缆风绳绑好慢慢吊起，机舱罩壳所吊高度未高于机舱壁高度并对准机舱壁定位销、螺栓孔，拧紧螺栓，未做好力矩标识，扣2分； 6. 未按吊装要求安装风轮，扣2分； 7. 所有高强度螺栓拆除后未更换为同型号新螺栓，扣2分； 8. 安装齿轮箱中心管轴组件，用卷尺检查联轴器的制动盘与锁紧盘端面装配尺寸，未满足安装尺寸要求，安装联轴器，未按厂家作业指导书要求力矩紧固到位，未做好力矩标识，扣2分； 9. 安装齿轮箱传感器、外接线、管路等，安装不规范，扣2分； 10. 安装变桨通信滑环、发电机排气罩、风速仪、风向标，安装机舱照明电源插头、机舱起重器电源插头，电缆应按已做标记正确连接，安装不规范，扣2分； 11. 回装完成后，未使用对中仪找中，校核安装偏差，扣2分； 12. 未做好完工场地清洁，安装不规范，扣2分			
	调试阶段	1. 齿轮箱冷却系统调试； 2. 制动器调试； 3. 变桨系统调试； 4. 部分功能测试	12	1. 未确认齿轮箱冷却系统工作是否正常，扣2分； 2. 未观察面板上齿轮箱轴承温度是否正常，扣2分； 3. 未检查润滑系统是否正常，有渗漏情况的，扣2分； 4. 未开展主轴刹车试验，扣2分； 5. 未检查变桨通信正常，未开展手动变桨测试，扣1分；			

续表

序号	项目	考核要点	配分	评分标准	得分	扣分	备注
2.3	调试阶段	1. 齿轮箱冷却系统调试； 2. 制动器调试； 3. 变桨系统调试； 4. 部分功能测试	12	6. 未检查风速仪、风向标、温度传感器、测速传感器工作是否正常，扣1分； 7. 未检查防雷保护系统接地炭刷等是否安装可靠，是否接地良好，扣2分			
	试运阶段	1. 运行状态检查； 2. 运行数据比对分析	12	1. 复位启机，解决出现的故障扣1分； 2. 确认报警信号扣1分； 3. 未观察齿轮箱高速轴转速与发电机转速对比，扣1分； 4. 未检查齿轮箱是否有振动和异响，扣1分； 5. 在控制面板上未观察齿轮箱各温度测点变化趋势，扣2分； 6. 未确认与发电机自身有关参数设定是否正确，扣2分； 7. 启动机组前未考虑适当限制发电功率，满足齿轮箱磨合要求，扣2分； 8. 试运结束后，未及时对齿轮箱油取样化验，扣2分			
3	工作终结验收						
3.1	安全文明生产	汇报结束前，所选工器具放回原位，摆放整齐；无损坏原件、工具；恢复现场；无不安全行为	4	1. 出现不安全行为，每次扣1分； 2. 作业完毕，现场未清理恢复，扣2分，不彻底，扣1分； 3. 损坏工器具，每件扣1分			
	合计得分						

否定项说明：（1）违反中国华能集团公司《电力安全作业规程》（2020年版）；
（2）违反考场纪律；
（3）造成设备重大损坏；
（4）发生人身伤害事故

考试人员：　　　　　　　　　　考评员：　　　　　　　　　　年　月　日

第六章　发电机编码器更换

第一节　发电机编码器更换操作技能任务书

一、安全要求

（一）基本要求

正确使用安全工器具，不发生人身伤害和设备损坏事故。

（二）风险点分析

（1）人身伤害。

（2）机械伤害。

（3）工器具伤害。

（4）设备损坏。

（三）安全措施

（1）专责监护人应履行监护责任，不得兼做其他工作，要选择便于监护的位置，监护的范围不得超过一个作业点。

（2）作业人员应听从工作负责人指挥。

（3）作业过程中，作业人员应始终穿戴防护用具。

（四）考核要求

1.工作准备

正确选择工具及器材；正确合理着装；不发生人身伤害和设备损坏事故。

2.作业过程

（1）停机、手动刹车，并锁紧低速轴。

（2）核对编码器编号并抄录铭牌，将待拆动的部件做好标识，拔下编码器上接线插头。

（3）检查插头接线是否有损坏现象和污物，必要时更换，检查导线应无折断，无过热变色、变形、磨损现象。

（4）拆除编码器防护罩、固定杆。

（5）拆除编码器。

（6）打开紧锁装置和手动刹车，检查编码器连接轴跳动情况。

（7）手动刹车，紧锁低速轴。

（8）将合格的编码器插入，调整位置，安装好固定杆、防护罩。

（9）核对标识，将接线插头重新接上并紧固。

（10）检查主控系统显示编码器故障信号是否消除。

（11）解除紧锁装置，松开手动刹车，确认刹车已松开。

（12）部分变流器需手动调节励磁参数。

（13）风机启动，检查发电机信号是否正常。

3.否定项说明

（1）违反中国华能集团公司《电力安全作业规程》（2020年版）。

（2）违反考场纪律。

（3）造成设备重大损坏。

（4）发生人身伤害事故。

二、实训作业指导书

（一）培训目标

通过专业理论学习和技能操作训练，使学员熟练掌握更换双馈发电机编码器的方法。

（二）任务描述

（1）发电机更换编码器的内容，检查安装是否牢靠，检查接插件及拉杆是否松动，检查屏蔽线接地是否正常，应注意部分变流器在更换发电机编码器后应对励磁回路进行调试。

（2）在检修过程中，保证低速轴不能自由旋转；避免编码器敲打、碰撞；注意原接线顺序和位置；注意检查编码器连接轴，轴端跳动不能大于厂家规定值。

（3）对工器具进行外观检查；材料工具选择符合要求；正确使用工器具；无不安全现象发生；验收工作正确、完整。

（三）培训对象

风电场检修作业人员。

（四）培训方式及时间

1.培训方式

教师现场讲解、示范，学员技能操作训练，培训结束后进行理论考核与实操测试。

2.培训时间

表 6-1　　培训学时

项目	时间
发电机编码器专业知识	2 学时
更换发电机编码器作业流程	4 学时
操作讲解、示范	1 学时
分组操作训练	12 学时

续表

项目	时间
操作测试	1学时
合计	20学时

（五）培训参考教材与规程

（1）中国华能集团公司《风力发电场检修与维护技术导则》（Q/ HN-1-0000.08.014—2014）。

（2）中国华能集团公司《电力安全作业规程》（2020年版）。

（六）场地准备

（1）培训场所：风电场。

（2）培训工具及设备材料准备。

表6-2　安全工器具及材料清单

序号	名称	规格型号	数量	单位	备注
1	安全帽		1	个	
2	安全带		1	个	
3	双钩安全绳		1	个	
4	防坠器		1	个	
5	绝缘手套		1	套	
6	螺丝刀		2	把	一字、十字
7	记号笔		1	个	
8	万用表		1	个	
9	内六角扳手		1	套	
10	头灯		1	个	
11	顶丝		1	个	
12	小活动扳手		1	个	
13	扎带		1	把	
14	偏口钳		1	个	
15	抹布		1	沓	
16	清洁剂		1	瓶	
17	口罩		1	个	

（七）操作步骤

1.准备工作

风力发电机组。

2.操作步骤

（1）开工准备。

1）现场复勘。

2）召开班前会。

3）布置工作现场、检查工器具。

（2）作业步骤。

1）验电。

2）风机停机。

3.工作结束

（1）将现场所有工器具放回原位，摆放整齐。

（2）清理工作现场，离场。

（八）考核知识点

（1）保证低速轴不能自由旋。

（2）避免编码器敲打、碰撞。

（3）注意原接线顺序和位置。

（4）固定杆安装牢靠，不能晃动。

（5）注意检查编码器连接轴，轴端跳动不能大于厂家规定值。

（6）编码器壳体应可靠接地。

第二节　发电机编码器更换操作技能考核评分标准

表 6-3　　发电机编码器更换操作技能考评评分记录表

序号	项目	考核要点	配分	评分标准	得分	扣分	备注
1	工作准备						
1.1	着装穿戴	1. 穿工作服、绝缘鞋； 2. 戴安全帽、口罩、手套	5	1. 未穿工作服、绝缘鞋，未戴安全帽、线手套，每缺少一项扣 1 分； 2. 着装穿戴不规范，每处扣 1 分			
1.2	现场复勘	核对现场机位号与设备双重名称；检查装置的作业条件	4	出现以下任何一项，扣 1 分： 1. 未口述现场机位号与设备双重名称；			

续表

序号	项目	考核要点	配分	评分标准	得分	扣分	备注
1.2	现场复勘	核对现场机位号与设备双重名称；检查装置的作业条件	4	2. 没有检查发电机质量动作； 3. 没有检查风速； 4. 有补充安全措施栏，没有补充措施的未在相应栏填写“无”			
1.3	工器具、材料检查	工器具、材料准备	10	培训工具未准备齐全，螺丝刀、记号笔、万用笔、内六角扳手、头灯、顶丝、小活动扳手、扎带、偏口钳、抹布、清洁剂，落下一项扣1分			
		工器具、材料放置规范	4	出现以下任何一项，扣2分： 1. 工器具未分区放置； 2. 备件未安全放置			
		安全带要求	3	出现以下任何一项，扣1分： 1. 未使用全方位安全带； 2. 安全带外观明显磨损现象或者绳索、编带有断裂、断股、扭结； 3. 未对安全带做冲击试验，冲击试验方法不正确［保险带（绳）、卡环冲击试验中没有受力］			
		材料检查	4	出现以下任何一项，扣2分： 1. 编码器有损伤； 2. 编码器规格型号与要求不一致			
2	工作过程						
2.1	正确使用个人安全用具	个人安全用具使用规范	4	未按要求扣紧袖口，发辫要放在帽内，防止衣服被转动部分挂住，扣4分			

续表

序号	项目	考核要点	配分	评分标准	得分	扣分	备注
2.2	验电、断电	验电、断电顺序及方法	6	1. 未按顺序断电、验电，扣3分； 2. 遗漏验电的内容，（绝缘导线视为带电体）每项内容扣3分			
2.3	发电机编码器更换	更换过程	50	1. 未停机，手动刹车，扣3分； 2. 未锁紧低速轴，扣5分； 3. 未核对编码器编号并抄录铭牌，扣5分； 4. 未将待拆动的部件做好标识，扣4分； 5. 拔下编码器上接线插头，未检查插头接线是否有损坏现象和污物，扣4分； 6. 未检查导线应无折断，无过热变色、变形、磨损现象，扣2分； 7. 未拆除编码器防护罩、固定杆，扣2分； 8. 拆除编码器；打开紧锁装置和手动刹车，未检查编码器连接轴跳动情况，扣5分； 9. 未手动刹车，未紧锁低速轴，扣3分； 10. 将合格的编码器插入，调整位置安装好固定杆、防护罩，固定杆松动，扣5分； 11. 未核对标识，将接线插头重新接上并紧固，扣3分； 12. 未检查主控系统显示编码器故障信号是否消除，扣4分； 13. 解除紧锁装置，松开手动刹车，未确认刹车已松开，扣3分；			

续表

序号	项目	考核要点	配分	评分标准	得分	扣分	备注
2.3	发电机编码器更换	更换过程	50	14. 部分变流器需手动调节励磁参数；风机启动，未检查电机信号是否正常，扣2分			
3	工作终结验收						
3.1	安全文明生产	汇报结束前，所选工器具放回原位，摆放整齐；无损坏原件、工具；恢复现场；无不安全行为	10	1. 出现不安全行为，每次扣5分； 2. 作业完毕，现场未清理恢复，扣2分，不彻底，扣1分； 3. 损坏工器具，每件扣3分			
合计得分							

否定项说明：（1）违反中国华能集团公司《电力安全作业规程》（2020年版）；
（2）违反考场纪律；
（3）造成设备重大损坏；
（4）发生人身伤害事故

考试人员：　　　　考评员：　　　　年　月　日

第七章 发电机碳刷更换

第一节 发电机碳刷更换操作技能任务书

一、安全要求

（一）基本要求

正确使用安全工器具，不发生人身伤害和设备损坏事故。

（二）风险点分析

（1）人身伤害。

（2）机械伤害。

（3）工器具伤害。

（4）设备损坏。

（三）安全措施

（1）专责监护人应履行监护责任，不得兼做其他工作，要选择便于监护的位置，监护的范围不得超过一个作业点。

（2）作业人员应听从工作负责人指挥。

（3）作业过程中，作业人员应始终穿戴防护用具。

（四）考核要求

1.工作准备

正确选择工具及器材；正确合理着装；不发生人身伤害和设备损坏事故。

2.作业过程

（1）按要求进行工器具及耗材、备件外观检查。

（2）风机停机，并切换至维护状态，将工具带到机舱，将风机刹车。

（3）发电机碳刷的打磨：碳刷使用前均需进行打磨，打磨至碳刷在刷握内能上下自如（一般经验碳刷在刷握内与四周间隙均在0.2mm即可）：如打磨过多，碳刷在刷握内晃动，易破损，还可造成接触面过小而发热，打磨过少时又容易造成碳刷膨胀后卡涩；碳刷底部与滑环接触，接触面为弧形，为保证能与滑环的面积足够大，碳刷底部应磨成弧形且与滑环弧度基本一致；打磨好的碳刷放入相应的刷握内用手顶紧。检验接触面是否合适，接触面大于

70%即认为合格。

（4）发电机碳刷的更换：①先取下需更换碳刷的弹簧夹，用专用扳手松动刷辫紧固螺丝，松动紧固螺丝时不宜松动过度，防止螺丝脱落；取下碳刷刷辫，再将碳刷取下；②将打磨好的碳刷放在刷握内活动自如，且接触面大于70%时，再用专用扳手紧固刷辫紧固螺丝，再上紧弹簧夹，以免更换碳刷时造成打火；压好均压弹簧，检查碳刷在刷握中心位置，压力正常，检查发电机碳刷运行正常。

（5）发电机碳刷打火时的调整流过碳刷的电流过大：若有温度低、不冒火、不卡涩的碳刷，在其间换上新的弹簧夹，增大压力，强迫冒火碳刷的电流转移；若有温度低、不冒火但有卡涩的碳刷，则先逐个取下打磨。碳刷卡涩间断与滑环接触：先检查其他碳刷接带负荷正常，取下卡涩碳刷进行打磨至在刷握内活动自如，又不要在刷握中晃动过大。

3.否定项说明

（1）违反中国华能集团公司《电力安全作业规程》（2020年版）。

（2）违反考场纪律。

（3）造成设备重大损坏。

（4）发生人身伤害事故。

二、实训作业指导书

（一）培训目标

通过专业理论学习和技能操作训练，使学员熟练掌握更换双馈发电机碳刷的方法。

（二）任务描述

（1）对双馈发电机更换碳刷。

（2）对工器具进行外观检查；材料工具选择符合要求；正确使用工器具；无不安全现象发生；验收工作正确、完整。

（三）培训对象

风电场检修作业人员。

（四）培训方式及时间

1.培训方式

教师现场讲解、示范，学员技能操作训练，培训结束后进行理论考核与实操测试。

2.培训时间

表7-1　　培训学时

项目	时间
更换双馈发电机碳刷专业知识	4学时
更换双馈发电机碳刷作业流程	12学时
操作讲解、示范	2学时
分组操作训练	1学时

续表

项目	时间
操作测试	1学时
合计	20学时

（五）培训参考教材与规程

检修维护手册。

（六）场地准备

（1）培训场所：风机。

（2）培训工具及设备材料准备。

表7-2　安全工器具及材料清单

序号	名称	规格型号	数量	单位	备注
1	绝缘手套		1	套	
2	螺丝刀		2	把	一字、十字
3	专用扳手（套筒头）	10、13	1	个	
4	酒精	75%	1	瓶	
5	砂纸		2	张	粗、细各一张
6	毛刷		1	把	
7	抹布或白布		若干	张	
8	手电		1	个	
9	口罩	3M	1	个	
10	绝缘垫		1	张	

（七）操作步骤

1.准备工作

风力发电机组。

2.操作步骤

（1）开工准备。

1）现场复勘。

2）召开班前会。

3）布置工作现场、检查工器具。

（2）作业步骤。

1）验电。

2）风机停机。

3.工作结束

（1）将现场所有工器具放回原位，摆放整齐。

（2）清理工作现场，离场。

（八）考核知识点及作业流程

（1）现场复勘。

（2）执行工作许可制度。

（3）召开班前会。

（4）布置工作现场。

（5）检查工器具。

（6）验电。

（7）工作验收。

（8）撤离风机。

（9）清理现场。

（10）工作结束。

第二节　发电机碳刷更换操作技能考核评分标准

表 7–3　双馈发电机碳刷更换操作技能考评评分记录表

序号	项目	考核要点	配分	评分标准	得分	扣分	备注
1	工作准备						
1.1	着装穿戴	1.穿工作服、绝缘鞋； 2.戴安全帽、口罩、手套	5	1.未穿工作服、绝缘鞋，未戴安全帽、线手套，每缺少一项扣1分； 2.着装穿戴不规范，每处扣1分			
1.2	现场复勘	核对现场机位号与设备双重名称；检查装置的作业条件	4	出现以下任何一项，扣1分： 1.未口述现场机位号与设备双重名称； 2.没有检查发电机质量动作； 3.没有检查风速； 4.有补充安全措施栏，没有补充措施的未在相应栏填写“无”			

续表

序号	项目	考核要点	配分	评分标准	得分	扣分	备注
1.3	工器具、材料检查	工器具、材料准备	10	培训工具未准备齐全，绝缘手套、螺丝刀、专用扳手（套筒头）、酒精、砂纸、毛刷、抹布或白布、手电、口罩、绝缘垫，落下一项扣1分			
		工器具、材料放置规范	2	出现以下任何一项，扣1分： 1. 工器具未分区放置； 2. 备件未安全放置			
		安全带要求	3	出现以下任何一项，扣1分： 1. 未使用全方位安全带； 2. 安全带外观明显磨损现象或者绳索、编带有断裂、断股、扭结； 3. 未对安全带做冲击试验，冲击试验方法不正确［保险带（绳）、卡环冲击试验中没有受力］			
		材料检查	2	出现以下任何一项，扣1分： 1. 碳刷有损伤； 2. 碳刷规格型号与要求不一致			
2	工作过程						
2.1	正确使用个人安全用具	个人安全用具使用规范	2	1. 未使用口罩，扣1分； 2. 未按要求扣紧袖口，发辫要放在帽内，防止衣服被转动部分挂住，扣1分			
2.2	验电、断电	验电、断电顺序及方法	2	1. 未按顺序断电、验电，扣1分； 2. 遗漏验电的内容，每项内容扣1分（绝缘导线视为带电体）			
2.3	碳粉清理	碳粉清理方法	10	1. 使用吸尘器对滑环室内进行碳粉清理（有条件），清理时要注意吸尘器头不要碰触微动开关，碰触微动开关的，扣2分；			

续表

序号	项目	考核要点	配分	评分标准	得分	扣分	备注
2.3	碳粉清理	碳粉清理方法	10	2. 无吸尘器情况下，应使用毛刷对刷架、刷握进行仔细地打扫，打扫过程中注意动作要轻，不要将碳粉激起，出现碳粉落到集电环上造成打火，扣 3 分； 3. 清理集电环表面时，将抹布或白布折成毛刷头大小，包裹在毛刷头表面，未顺着旋转方向进行清扫，扣 5 分			
2.4	更换碳刷	碳刷更换步骤及方法	20	1. 更换时必须两人（一人操作、一人监护），严禁两人同时操作，出现此情况的，扣 2 分； 2. 未检查碳刷长度（长度在 1/2 以上每 6 个月检查一次，长度在 1/2 至 1/3 之间每 3 个月检查一次，长度在 1/3 以下，直接更换），扣 1 分； 3. 操作人员工作时未站在绝缘垫上，扣 1 分； 4. 未扣紧袖口，发辫未放在帽内，防止衣服及擦拭材料被转动部分挂住，扣 2 分； 5. 更换碳刷时，未检查其型号与旧碳刷相是否一致的，扣 2 分； 6. 更换碳刷应逐一进行，严禁两块及以上碳刷同时更换，未逐一更换的，扣 1 分； 7. 在更换时，首先用专用扳手松动刷辫紧固螺丝，松动紧固螺丝出现松动过度，导致螺丝脱落，扣 1 分； 8. 取下碳刷刷辫；再将碳刷和均压弹簧同时取下，操作不当的，扣 1 分； 9. 装碳刷时，先将碳刷放入刷握；未检查是否压好均压弹簧，扣 1 分；			

续表

序号	项目	考核要点	配分	评分标准	得分	扣分	备注
2.4	更换碳刷	碳刷更换步骤及方法	20	10. 再用专用扳手紧固刷辫紧固螺丝，紧固螺丝时不宜用力过大，防止将螺丝损坏，出现螺丝损坏的，扣 1 分； 11. 检查碳刷在刷握内活动自如，弹簧应压在碳刷中心位置，压力正常，未检查发电机碳刷运行正常，扣 2 分； 12. 装、取均压弹簧时，动作应缓慢，要用力捏住均压弹簧严防其滑落，出现滑落的，扣 2 分； 13. 碳刷应做好打磨，碳刷接触面积未达到大于 70% 标准的，扣 2 分； 14. 更换下部碳刷时特别注意防止碳刷脱落，出现脱落的，扣 1 分			
		碳刷打磨及碳刷冒火	15	1. 未打磨至碳刷在刷握内能上下自如（一般经验碳刷在刷握内与四周间隙均在 0.2mm 即可），扣 2 分； 2. 出现打磨过多，碳刷在刷握内晃动的，扣 1 分，易破损，还可造成接触面过小而发热； 3. 打磨过少时又容易造成碳刷膨胀后卡涩，扣 1 分； 4. 碳刷冒火是因流过碳刷的电流过大引起，出现冒火情况的，扣 3 分； 5. 叙述电流大的原因，缺少一项扣 1 分：碳刷本身硬度；碳刷混用（电阻不同，电流分配不同）；刷辫变色；刷架有毛刺、刷握不匹配；卡簧压力不一样；油雾；通风不畅；总扣 8 分			

续表

序号	项目	考核要点	配分	评分标准	得分	扣分	备注
2.5	集电环的检查与维护	检查与保养过程	10	1. 未清扫脏污，扣1分； 2. 未调整电刷弹簧压力，扣1分； 3. 未定期测量电刷的均流度（使用直流钳形电流表），扣3分； 4. 未按要求定期更换电刷，扣1分； 5. 每次停机期间，未清除集电环通风沟、孔内的碳尘物，以免影响通风效果，扣2分； 6. 为了使集电环的磨损均匀，每隔一段时间（至少每年一次）应对于集电环表面的凸凹点进行处理，轻者用细纱布打磨，对于由划伤或灼伤造成较严重的凸凹点应及时更换，出现用粗纱布打磨的，扣2分			
3	工作终结验收						
3.1	安全文明生产	汇报结束前，所选工器具放回原位，摆放整齐；无损坏原件、工具；恢复现场；无不安全行为	5	1. 出现不安全行为，每次扣1分； 2. 作业完毕，现场未清理恢复，扣2分；清理不彻底，扣1分； 3. 损坏工器具，每件扣2分			
		合计得分					

否定项说明：（1）违反中国华能集团公司《电力安全作业规程》（2020年版）；
（2）违反考场纪律；
（3）造成设备重大损坏；
（4）发生人身伤害事故

考试人员：　　　　　　　　　　考评员：　　　　　　　　　　年　月　日

第八章 发电机轴对中作业

第一节 发电机轴对中作业操作技能任务书

一、安全要求

（一）基本要求

正确使用安全工器具，不发生人身伤害和设备损坏事故。

（二）风险点分析

（1）人身伤害。

（2）机械伤害。

（3）工器具伤害。

（4）设备损坏。

（三）安全措施

（1）专责监护人应履行监护责任，不得兼做其他工作，要选择便于监护的位置，监护的范围不得超过一个作业点。

（2）作业人员应听从工作负责人指挥。

（3）作业过程中，作业人员应始终穿戴防护用具。

（四）考核要求

1.工作准备

正确选择工器具及器材；正确合理着装；不发生人身伤害和设备损坏事故。

2.作业过程

（1）按要求进行工器具及耗材、备件外观检查。

（2）停机，风机远程禁止，风机打到服务模式，制动器打到手动模式；拆除刹车罩；风速≤5m/s。

（3）带有M字样的发射器，用链条绕过发电机轴固定在电机输入轴上，并保证在发电机轴旋转的时候发射器与发电机轴同步旋转。

（4）将带有S字样的发射器通过两块电磁铁吸附在制动盘上。

（5）将M极和S极上的数据接入激光对中仪主屏。

（6）测量两个探测元件之间的距离，即S到M的距离。

（7）测量M头到联轴器之间的距离。

（8）测量M探头到发电机前地脚螺栓之间的距离。

（9）测量前后两个地脚螺栓之间的距离（注：两地脚螺栓的距离是固定值，不需要测量）。

（10）打开激光对中仪的开关，调节发射器，使屏幕信号灯显示为绿位。

（11）依据提示，测量并输入各项尺寸。

（12）按下“开始”，扳动制动盘，到另外一个位置，两个位置的角度应超30°，到达绿色区域，按下按钮，依次记录第二、三位置的数据，即完成测量，屏幕显示轴对中数据；按“保存”按键，显示出测量数据。

（13）按发电机调整键，显出上下方向地脚需调整的方向和数值，并对其上下位置进行调整，使偏差在要求的范围内（0.2mm）。

（14）将制动盘旋转90°，显示左右方向地脚需要调整的方向和数值，用装置调节电机左右位置，使偏差在要求的范围内（0.2mm）。

（15）调节完成以后，重新再扫描一次数据，当角度偏差值在0.08内，径向偏差在0.2mm内，同时当红色变成绿色时表示达到要求，将调节好的数据保存。

（16）打紧发电机地脚螺栓，并装好刹车罩，整理工具，打扫工作现场。

3.否定项说明

（1）违反中国华能集团公司《电力安全作业规程》（2020年版）。

（2）违反考场纪律。

（3）造成设备重大损坏。

（4）发生人身伤害事故。

二、实训作业指导书

（一）培训目标

通过专业理论学习和技能操作训练，使学员熟练掌握发电机轴对中作业的方法。

（二）任务描述

（1）了解发电机轴对中工作的重要性及对中原理。

（2）能够完成发电机对中作业。

（3）对工器具进行外观检查；材料工具选择符合要求；正确使用工器具；无不安全现象发生；验收工作正确、完整。

（三）培训对象

风电场检修作业人员。

（四）培训方式及时间

1.培训方式

教师现场讲解、示范，学员技能操作训练，培训结束后进行理论考核与实操测试。

2.培训时间

表 8-1　　培训学时

项目	时间
激光对中仪的原理及操作方法	1 学时
发电机轴对中作业流程	2 学时
操作讲解、示范	6 学时
分组操作训练	10 学时
操作测试	1 学时
合计	20 学时

（五）培训参考教材与规程

（1）中国华能集团有限公司《电力安全作业规程》（2020年版）。

（2）风电机组检修维护手册。

（六）场地准备

（1）培训场所：风电场。

（2）培训工具及设备材料准备。

表 8-2　　安全工器具及材料清单

序号	名称	规格型号	数量	单位	备注
1	激光对中仪		1	套	
2	盘车扳手		2	把	
3	力矩扳手		1	把	
4	对中工装		2	个	
5	棘轮扳手		若干	个	
6	内六角扳手		1	套	
7	卷尺		1	个	
8	安全带		1	个	
9	安全帽		1	个	
10	千斤顶		1	个	
11	橡胶锤		1	个	

（七）操作步骤

1.准备工作

风力发电机组。

2. 操作步骤

（1）开工准备。

1）现场复勘。

2）召开班前会。

3）布置工作现场、检查工器具。

（2）作业步骤。

1）验电。

2）风机停机。

3. 工作结束

（1）将现场所有工器具放回原位，摆放整齐。

（2）清理工作现场，离场。

（八）考核知识点及作业流程

（1）现场复勘。

（2）执行工作许可制度。

（3）召开班前会。

（4）布置工作现场。

（5）检查工器具。

（6）工作验收。

（7）撤离风机。

（8）清理现场。

（9）工作结束。

第二节　发电机轴对中作业操作技能考核评分标准

表 8-3　　发电机轴对中操作技能考评评分记录表

序号	项目	考核要点	配分	评分标准	得分	扣分	备注
1	工作准备						
1.1	着装穿戴	1. 穿工作服、绝缘鞋； 2. 戴安全帽、口罩、手套	5	1. 未穿工作服、绝缘鞋，未戴安全帽、线手套，每缺少一项扣1分； 2. 着装穿戴不规范，每处扣1分			
1.2	现场复勘	核对现场机位号与设备双重名称。检查装置的作业条件	4	1. 未口述现场机位号与设备双重名称，扣1分； 2. 没有检查风速，扣1分； 3. 没有补充安全措施栏，没有补充措施的未在相应栏填写“无”，扣2分			

续表

序号	项目	考核要点	配分	评分标准	得分	扣分	备注
1.3	工器具、材料检查	工器具、材料准备	7	培训工具未准备齐全，激光对中仪、盘车扳手、力矩扳手、对中工装、棘轮扳手、内六角扳手、卷尺、千斤顶、橡胶锤，落下一项扣1分			
		工器具、材料放置规范	2	出现以下任何一项，扣1分： 1. 工器具未分区放置； 2. 备件未安全放置			
		安全带要求	3	出现以下任何一项，扣1分： 1. 未使用全方位安全带； 2. 安全带外观明显磨损现象或者绳索、编带有断裂、断股、扭结； 3. 未对安全带做冲击试验，冲击试验方法不正确［保险带（绳）、卡环冲击试验中没有受力］			
2	工作过程						
2.1	正确使用个人安全用具	个人安全用具使用规范	2	未按要求扣紧袖口，发辫要放在帽内，防止衣服被转动部分挂住，扣2分			
2.2	测试刹车	测试刹车方法	2	反复多次刹车，未检查刹车及时性和液压站保压时间，扣2分			
2.3	发电机对中	发电机对中步骤及方法	40	1. 未将风机刹车，扣2分； 2. 将带有M字样的发射器，用链条绕过发电机轴固定在电机输入轴上，用手紧固螺栓，不要过于紧，并保证在发电机轴旋转的时候发射器与发电机轴同步旋转，未同步旋转的，扣3分； 3. 将带有S字样的发射器通过两块电磁铁吸附在制动盘上，发射器极性弄反的，扣2分； 4. 将M极和S极上的数据接入激光对中仪主屏，操作错误的，扣1分； 5. 测量两个探测元件之间的距离，即S到M的距离，操作错误的，扣2分； 6. 测量M头到联轴器之间的距离，操作错误的，扣2分；			

续表

序号	项目	考核要点	配分	评分标准	得分	扣分	备注
2.3	发电机对中	发电机对中步骤及方法	40	7. 测量M探头到发电机前地脚螺栓之间的距离，操作错误的，扣2分； 8. 测量前后两个地脚螺栓之间的距离（注：两地脚螺栓的距离是固定值，不需要测量），操作错误的，扣2分； 9. 打开激光对中仪的开关，调节发射器，使屏幕信号灯显示为绿位，操作错误的，扣2分； 10. 依据提示，测量并输入各项尺寸，操作错误的，扣2分； 11. 按下“开始”，使用三点法开始盘车，扳动制动盘，到另外一个位置，两个位置的角度应超30°，到达绿色区域，按下按钮，依次记录第二、三位置的数据，即完成测量，屏幕显示轴对中数据，按“保存”按键，显示出测量数据，操作错误的，扣3分； 12. 按发电机调整键，显出上下方向地脚需调整的方向和数值，并对其上下位置进行调整，使偏差在要求的范围内0.2mm（比较发电机前后地脚的调整量，数值大的先调整）。用千斤顶将发电机顶起，如果调整量前面是“+”号，说明地脚过高，应向下降，则用手顺时针旋转减振块上的花盘螺丝。如果调整量前面是“–”号，则说明地脚太低，应逆时针旋转花盘螺丝，操作错误的，扣2分； 13. 用调发电机的专用工具和千斤顶将发电机顶起，直到减振块下平面完全离开发电机有2~3mm的距离；每次调整花盘螺丝时，要保证发电机两个地脚减振块上花盘螺丝旋转的量是一致的；并且平行于齿轮箱法兰面方向上的两颗花盘螺丝高度一致，操作错误的，扣3分；			

续表

序号	项目	考核要点	配分	评分标准	得分	扣分	备注
2.3	发电机对中	发电机对中步骤及方法	40	14. 将制动盘旋转 90°，显示左右方向地脚需要调整的方向和数值，用装置调节电机左右位置，使偏差在要求的范围内（0.2mm），操作错误的，扣 3 分； 15. 调节完成以后，重新在扫描一次数据，当角度偏差值在 0.08 内，径向偏差在 0.2mm 内，同时当红色变成绿色时表示达到要求，将调节好的数据保存，操作错误的，扣 3 分； 16. 预打紧发电机地脚螺栓，重复步骤 11，查看对中数据，如发现数据不合格，重新开始步骤 12~14，数据合格继续，操作错误的，扣 3 分； 17. 按“之”字型打紧发电机地脚螺栓，并装好刹车罩，整理工具，打扫工作现场，操作错误的，扣 3 分			
		发电机对中过程中的配合	15	1. 发电机对中过程最少保证有三人，一人盘车，一人刹车，一人调整，开始前每个人分工明确，对中过程中禁止三人来回走动，离开属于自己的位置，操作错误的，扣 7 分； 2. 对中盘车过程中以控制刹车人口令为准，其他两人禁止指挥控制刹车人员，操作错误的，扣 8 分			
		施工工艺、质量满足要求	10	1. 在发电机轴对中调整的整个过程中，不允许身体任何部位触碰到激光发射单元，以免严重影响到测试精度，操作错误的，扣 2 分； 2. 如果数据显示栏没有任何数据显示，请注意查看激光接受视窗是否接收到对面发射过来的激光，通过激光点的偏移可以判断出发电机的倾斜方向，操作错误的，扣 2 分；			

续表

序号	项目	考核要点	配分	评分标准	得分	扣分	备注
2.3	发电机对中	施工工艺、质量满足要求	10	3. 关于方向问题：取机舱内面向轮毂方向为正方向，左手侧为机舱左侧，右手侧为机舱右侧。为了工作方便，人们习惯站立于机舱右侧，面向机舱左侧进行操作，此时操作屏上显示的图像正好是反的（联轴器处于发电机后侧），操作错误的，扣3分； 4. 关于水平方向与垂直方向：当操作屏上所显示的发电机只有下面2个地脚时，操作屏上显示的图像为侧视图，可以假象我们此时是站在发电机的侧面看发电机，此时出现的测量数据是在垂直方向上的调节量； 当操作屏上所显示的发电机4个地脚时，操作屏上显示的图像为俯视图，可以假设人们此时是站在发电机的上面向下看发电机，此时出现的测量数据是在水平方向上的调节量，操作错误的，扣3分			
3	工作终结验收						
3.1	安全文明生产	汇报结束前，所选工器具放回原位，摆放整齐；无损坏原件、工具；恢复现场；无不安全行为	5	1. 出现不安全行为，每次扣1分； 2. 作业完毕，现场未清理恢复，扣2分，不彻底，扣1分； 3. 损坏工器具，每件扣2分			
合计得分							

否定项说明：（1）违反中国华能集团公司《电力安全作业规程》（2020年版）；
（2）违反考场纪律；
（3）造成设备重大损坏；
（4）发生人身伤害事故

考试人员：　　　　考评员：　　　　年　月　日

第九章　发电机前轴承更换

第一节　发电机前轴承更换操作技能任务书

一、安全要求

（一）基本要求

正确使用安全工器具，不发生人身伤害和设备损坏事故。

（二）风险点分析

（1）人身伤害。

（2）机械伤害。

（3）工器具伤害。

（4）设备损坏。

（三）安全措施

（1）专责监护人应履行监护责任，不得兼做其他工作，要选择便于监护的位置，监护的范围不得超过一个作业点。

（2）作业人员应听从工作负责人指挥。

（3）作业过程中，作业人员应始终穿戴防护用具。

（四）考核要求

1.工作准备

正确选择工具及器材；正确合理着装；不发生人身伤害和设备损坏事故。

2.作业过程

（1）停机，手动刹车，并锁紧低速轴。

（2）拆除联轴器及附件。

（3）拆卸前轴承加脂油管和轴承温度传感器。

（4）拆卸发电机前轴承外盖，用干净的抹布清洁外盖油脂。

（5）拆卸发电机端盖。

（6）拆卸轴承卡簧和甩油盘。

（7）拆卸端盖中的轴套，应采取措施防止轴套突然下落。

（8）拆卸发电机前轴承，使用专用工装和千斤顶，尽可能避免动火作业。

（9）新轴承的安装。

（10）用轴承加热器将新轴承加热至90℃以上。

（11）清洁轴承。

（12）佩戴石棉手套等安全防护用品，平稳安装新轴承。

（13）安装卡簧和甩油盘，安装前务必确认轴承冷却至不烫手，安装好后给轴承加规定润滑油脂。

（14）安装轴承套。

（15）安装端盖，待轴套冷却后，将端盖套进去，将螺栓紧固。

（16）安装发电机轴承润滑油管、轴承温度传感器，并用扎带紧固好，安装发电机测速片、胀紧套。

（17）安装联轴器及其附件。

（18）安装测速传感器支架，装上联轴器罩子及挡片。

3.否定项说明

（1）违反中国华能集团公司《电力安全作业规程》（2020年版）。

（2）违反考场纪律。

（3）造成设备重大损坏。

（4）发生人身伤害事故。

二、实训作业指导书

（一）培训目标

通过专业理论学习和技能操作训练，使学员熟练掌握更换发电机前轴承的方法。

（二）任务描述

（1）掌握发电机前轴承更换的作业流程。

（2）对工器具进行外观检查；材料工具选择符合要求；正确使用工器具；无不安全现象发生；验收工作正确、完整。

（三）培训对象

风电场检修作业人员。

（四）培训方式及时间

1.培训方式

教师现场讲解、示范，学员技能操作训练，培训结束后进行理论考核与实操测试。

2.培训时间

表9-1　培训学时

项目	时间
发电机轴承专业知识	2学时

续表

项目	时间
更换发电机轴承作业流程	4学时
操作讲解、示范	4学时
分组操作训练	8学时
操作测试	2学时
合计	20学时

（五）培训参考教材与规程

（1）中国华能集团公司《风力发电场检修与维护技术导则》（Q/ HN–1–0000.08.014—2014）。

（2）中国华能集团公司《电力安全作业规程》（2020年版）。

（六）场地准备

（1）培训场所：风电场。

（2）培训工具及设备材料准备。

表 9–2　安全工器具及材料清单

序号	名称	规格型号	数量	单位	备注
1	安全帽		1	个	
2	安全带		1	个	
3	线手套		1	套	
4	螺丝刀	一字、十字	2	把	
5	卡簧钳		1	个	
6	万用表		1	个	
7	千斤顶		1	个	
8	液压拉马		1	个	
9	SKF 电磁加热器		1	个	
10	棘轮扳手套装		1	套	
11	扳手组件		1	组	
12	喷枪		1	个	
13	手拉葫芦		1	个	
14	油脂		1	管	

续表

序号	名称	规格型号	数量	单位	备注
15	小平铲		1	个	
16	小扎带		1	捆	
17	石棉手套		1	双	

（七）操作步骤

1.准备工作

风力发电机组。

2.操作步骤

（1）开工准备。

1）现场复勘。

2）召开班前会。

3）布置工作现场、检查工器具。

（2）作业步骤。

1）验电。

2）风机停机。

3.工作结束

（1）将现场所有工器具放回原位，摆放整齐。

（2）清理工作现场，离场。

（八）考核知识点

（1）在检修过程中，保证低速轴不能自由旋转。

（2）记录联轴器和刹车盘间的距离。

（3）拆卸下来的油管要用扎带临时包扎好，避免损坏。

（4）拆卸发电机轴承时尽可能采用专用工装。

（5）安装新轴承时，检查轴上有无毛刺污渍，检查轴承尺寸。

（6）尽可能使用专用轴承加热器加热新轴承。

（7）如确实需使用明火加热时，必须做好完备的防火措施。

（8）安装轴承时应避免人员烫伤。

（9）在加润滑油脂时应按厂家规定适量加注。

（10）安装结束后应检查传感器正常工作。

（11）更换发电机轴承应前后轴承成套更换。

（12）更换发电机后轴承工序及要点参照前轴承，按厂家规定的作业指导书进行更换。

第二节　发电机前轴承更换操作技能考核评分标准

表 9-3　　发电机驱动端前轴承更换操作技能考评评分记录表

序号	项目	考核要点	配分	评分标准	得分	扣分	备注
1	工作准备						
1.1	着装穿戴	1. 穿工作服、绝缘鞋； 2. 戴安全帽、口罩、手套	5	1. 未穿工作服、绝缘鞋，未戴安全帽、线手套，每缺少一项扣 1 分； 2. 着装穿戴不规范，每处扣 1 分			
1.2	现场复勘	核对现场机位号与设备双重名称。 检查装置的作业条件	4	出现以下任何一项，扣 1 分： 1. 未口述现场机位号与设备双重名称； 2. 没有检查发电机质量动作； 3. 没有检查风速； 4. 有补充安全措施栏，没有补充措施的未在相应栏填写“无”			
1.3	工器具、材料检查	工器具、材料准备	10	培训工具未准备齐全，螺丝刀、卡簧钳、万用表、千斤顶、液压拉马、SKF 电磁加热器、棘轮套装、扳手组件、喷枪、手拉葫芦、油脂、小平铲、小扎带、石棉手套，落下一项扣 1 分			
		工器具、材料放置规范	4	出现以下任何一项，扣 1 分： 1. 工器具未分区放置； 2. 备件未安全放置			
		安全带要求	3	出现以下任何一项，扣 1 分： 1. 未使用全方位安全带； 2. 安全带外观明显磨损现象或者绳索、编带有断裂、断股、扭结； 3. 未对安全带做冲击试验，冲击试验方法不正确［保险带（绳）、卡环冲击试验中没有受力］			

续表

序号	项目	考核要点	配分	评分标准	得分	扣分	备注
1.3	工器具、材料检查	材料检查	4	出现以下任何一项，扣2分： 1. 编码器有损伤； 2. 编码器规格型号与要求不一致			
2	工作过程						
2.1	正确使用个人安全用具	个人安全用具使用规范	4	未按要求扣紧袖口，发辫要放在帽内，防止衣服被转动部分挂住，扣4分			
2.2	验电、断电	验电、断电顺序及方法	6	1. 未按顺序断电、验电，扣2分； 2. 未对控制电源验电，扣2分；未对动力电源验电，扣2分（绝缘导线视为带电体）			
2.3	发电机前轴承更换	更换过程	50	1. 在检修开始前，未停机，扣3分；手动刹车，扣3分；未锁紧低速轴，扣3分； 2. 未记录联轴器和刹车盘间的距离，扣3分； 3. 未将拆卸下来的油管用扎带临时包扎好，扣3分； 4. 拆卸发电机轴承时未采用专用工装，扣4分； 5. 安装新轴承时，未检查轴上有无毛刺污渍，扣3分；未检查轴承尺寸，扣3分； 6. 未使用专用轴承加热器加热新轴承，扣3分； 7. 如确实需使用明火加热时，未做好完备的防火措施，未开具动火作业票，扣5分； 8. 安装轴承时未做好避免人员烫伤的措施，扣3分； 9. 在加润滑油脂时未按厂家规定适量加注，扣3分； 10. 安装结束后未检查传感器是否正常工作，扣3分； 11. 更换发电机轴承未前后轴承成套更换，扣3分；			

续表

序号	项目	考核要点	配分	评分标准	得分	扣分	备注
2.3	发电机前轴承更换	更换过程	50	12. 更换发电机后轴承工序及要点参照前轴承，未按厂家规定的作业指导书进行更换，扣 5 分			
3	工作终结验收						
3.1	安全文明生产	汇报结束前，所选工器具放回原位，摆放整齐；无损坏原件、工具；恢复现场；无不安全行为	10	1. 出现不安全行为，每次扣 5 分； 2. 作业完毕，现场未清理恢复，扣 2 分；不彻底，扣 1 分； 3. 损坏工器具，每件扣 3 分			
合计得分							

否定项说明：（1）违反中国华能集团公司《电力安全作业规程》（2020 年版）；
（2）违反考场纪律；
（3）造成设备重大损坏；
（4）发生人身伤害事故

考试人员：　　　　　　　　　　考评员：　　　　　　　　　　年　月　日

第十章 发电机更换

第一节 发电机更换操作技能任务书

一、安全要求

（一）基本要求

正确使用安全工器具，不发生人身伤害和设备损坏事故。

（二）风险点分析

（1）人身伤害。

（2）机械伤害。

（3）工器具伤害。

（4）设备损坏。

（三）安全措施

（1）专责监护人应履行监护责任，不得兼做其他工作，要选择便于监护的位置，监护的范围不得超过一个作业点。

（2）作业人员应听从工作负责人指挥。

（3）作业过程中，作业人员应始终穿戴防护用具。

（四）考核要求

1.工作准备

正确选择工具及器材；正确合理着装；不发生人身伤害和设备损坏事故。

2.作业过程

（1）拆解阶段。

1）电缆及发电机附件拆离。

2）联轴器拆卸。

3）机舱罩拆卸。

4）发电机拆卸。

（2）回装阶段。

1）发电机回装。

2）联轴器回装。

3）电缆及发电机附件回装。

4）机舱罩回装。

5）发电机对中。

（3）调试阶段。

1）发电机冷却系统调试。

2）发电机润滑系统调试。

3）发电机绝缘测试。

4）部分功能测试。

（4）试运阶段。

1）运行状态检查。

2）运行数据比对分析。

3.否定项说明

（1）违反中国华能集团公司《电力安全作业规程》（2020年版）。

（2）违反考场纪律。

（3）造成设备重大损坏。

（4）发生人身伤害事故。

二、实训作业指导书

（一）培训目标

通过专业理论学习和技能操作训练，使学员熟练掌握更换双馈发电机的方法。

（二）任务描述

（1）掌握发电机拆解阶段、回装阶段、调试阶段、试运阶段的检修过程及控制要点。

（2）对工器具进行外观检查；材料工具选择符合要求；正确使用工器具；无不安全现象发生；验收工作正确、完整。

（三）培训对象

风电场检修作业人员。

（四）培训方式及时间

1.培训方式

教师现场讲解、示范，学员技能操作训练，培训结束后进行理论考核与实操测试。

2.培训时间

表 10–1　　培训学时

项目	时间
发电机专业知识	4 学时
更换发电机作业流程	4 学时

续表

项目	时间
操作讲解、示范	8 学时
操作训练	32 学时
操作测试	8 学时
合计	56 学时

（五）培训参考教材与规程

（1）中国华能集团公司《风力发电场检修与维护技术导则》（Q/ HN-1-0000.08.014—2014）。

（2）中国华能集团公司《电力安全作业规程》（2020年版）。

（六）场地准备

（1）培训场所：风电场。

（2）培训工具及设备材料准备。

表 10-2　　安全工器具及材料清单

序号	名称	规格型号	数量	单位	备注
1	安全帽		1	个	
2	安全带		1	个	
3	双钩安全绳		1	个	
4	防坠器		1	个	
5	线手套		1	套	
6	螺丝刀	一字、十字	2	把	
7	记号笔		1	个	
8	万用表		1	个	
9	内六角扳手		1	套	
10	头灯		1	个	
11	尖嘴钳		1	把	
12	活动扳手		1	个	
13	扎带		1	把	
14	偏口钳		1	个	
15	绝缘胶带（颜色：红黄绿黑）		1	套	
16	电动扳手		1	把	
17	扳手	13、17、19、30mn	1	套	

续表

序号	名称	规格型号	数量	单位	备注
18	套筒	13、17、19、24、30、36mm	1	套	
19	头灯		1	个	
20	力矩扳手	800 N·m	1	把	
21	力矩扳手	400 N·m	1	把	
22	对中仪		1	个	
23	起重器	500 t	1	个	
24	起重器	25 t	1	个	
25	运输车	运输起重器附件	1	个	

（七）操作步骤

1.准备工作

风力发电机组。

2.操作步骤

（1）开工准备。

1）现场复勘。

2）召开班前会。

3）布置工作现场、检查工器具。

（2）作业步骤。

1）验电。

2）风机停机。

3.工作结束

（1）将现场所有工器具放回原位，摆放整齐。

（2）清理工作现场，离场。

（八）考核知识点

1.拆解阶段

（1）风速超过8m/s时，不应进行吊装工作。

（2）联轴器拆卸前，锁住主轴。

（3）机舱罩拆卸前，拆除发电机通风管及齿轮箱散热管。

（4）拔下机舱照明、起重器电源插头，断开风速仪、风向标机舱内的接插件，拆卸机舱罩。

（5）拆除发电机附件、传感器和外接线，松开与弹性支撑的螺栓，起吊发电机，避免磕碰。

（6）拆除的电缆及发电机附件做好标记。

（7）拆下的部件必须妥善保管。

2.回装阶段

（1）按吊装要求，将合格的新发电机缓慢吊起，对准机舱内位置，缓慢落下。

（2）在未对中前，发电机弹性支撑与机架连接螺栓力矩不要紧固到额定力矩。

（3）用卷尺检查联轴器的制动盘与锁紧盘端面装配尺寸满足安装尺寸要求，安装联轴器，按厂家作业指导书要求力矩紧固到位，并做好力矩标识。

（4）发电机定、转子连接电缆按相序连接，按厂家作业指导书要求力矩紧固到位，并做好力矩标识。

（5）发电机传感器及编码器信号电缆按标记正确连接，确认紧固。

（6）按吊装要求将机舱罩就位后，按厂家作业指导书要求力矩紧固到位，并做好力矩标识。

（7）机舱罩安装后，应连接发电机通风管及齿轮箱通风管并牢固可靠。

（8）按标记连接风速仪、风向标、机舱内照明等设施，确认紧固。

（9）回装完成后，必须使用对中仪找中，校核安装偏差。

（10）对中完成后，发电机弹性支撑与机架连接螺栓按厂家作业指导书要求力矩紧固到位，并做好力矩标识。

3.调试阶段

（1）确认发电机冷却装置工作正常。

（2）检查润滑系统是否正常，无渗漏。

（3）测量绝缘电阻是否满足厂家要求。

（4）检查炭刷磨损信号变化正常。

（5）检查雷电保护装置信号正常，安装可靠，接地良好。

（6）检查发电机温度传感器信号正常。

（7）检查测速传感器信号及发电机编码器信号正常。

（8）风速仪、风向标等信号正常。

（9）机舱内插座电源、照明等设施正常工作。

4.试运阶段

（1）复位启机，解决出现的故障。

（2）确认无任何报警信号。

（3）观察齿轮箱高速轴转速与发电机转速对比。

（4）检查发电机无异常振动和异响。

（5）在控制面板上观察发电机各温度测点变化趋势。

（6）确认与发电机自身有关参数设定是否正确。

（7）启动机组前应适当限制发电功率，满足发电机磨合要求。

第二节 发电机更换操作技能考核评分标准

表 10–3　　发电机更换操作技能考评评分记录表

序号	项目	考核要点	配分	评分标准	得分	扣分	备注
1	工作准备						
1.1	着装穿戴	1. 穿工作服、绝缘鞋； 2. 戴安全帽、口罩、手套	5	1. 未穿工作服、绝缘鞋，未戴安全帽、线手套，每缺少一项扣 1 分； 2. 着装穿戴不规范，每处扣 1 分			
1.2	现场复勘	核对现场机位号与设备双重名称。检查装置的作业条件	4	出现以下任何一项，扣 1 分： 1. 未口述现场机位号与设备双重名称，扣 1 分； 2. 没有检查发电机质量动作； 3. 没有检查风速； 4. 有补充安全措施栏，没有补充措施的未在相应栏填写“无”			
1.3	工器具、材料检查	工器具、材料准备	4	培训工具未准备齐全，螺丝刀、记号笔、万用表、内六角扳手、头灯、尖嘴钳、活动扳手、扎带、偏口钳，落下一项扣 1 分			
		工器具、材料放置规范	2	出现以下任何一项，扣 1 分： 1. 工器具未分区放置； 2. 备件未安全放置			
		安全带要求	3	出现以下任何一项，扣 1 分： 1. 未使用全方位安全带； 2. 安全带外观明显磨损现象或者绳索、编带有断裂、断股、扭结； 3. 未对安全带做冲击试验，冲击试验方法不正确［保险带（绳）、卡环冲击试验中没有受力］			

续表

序号	项目	考核要点	配分	评分标准	得分	扣分	备注
1.3	工器具、材料检查	材料检查	2	出现以下任何一项，扣1分； 1. 编码器有损伤； 2. 编码器规格型号与要求不一致			
2	工作过程						
2.1	正确使用个人安全用具	个人安全用具使用规范	2	未按要求扣紧袖口，发辫要放在帽内，防止衣服被转动部分挂住，扣2分			
2.2	验电、断电	验电、断电顺序及方法	4	1. 未按顺序断电、验电，扣2分； 2. 遗漏验电的内容，每项内容扣2分（绝缘导线视为带电体）			
2.3	拆卸阶段	1. 电缆及发电机附件拆离； 2. 联轴器拆卸； 3. 机舱罩拆卸； 4. 发电机拆卸	14	1. 风速超过8m/s时，不应进行吊装工作，吊装前未观察风速大小，扣2分； 2. 联轴器拆卸前，未锁住主轴，扣2分； 3. 机舱罩拆卸前，未拆除发电机通风管及齿轮箱散热管，扣2分； 4. 拔下机舱照明、起重器电源插头，未断开风速仪、风向标机舱内的接插件，拆卸机舱罩，扣2分； 5. 拆除发电机附件、传感器和外接线，未松开与弹性支撑的螺栓，就起吊发电机，扣2分； 6. 拆除的电缆及发电机附件，未做好标记，扣2分； 7. 拆下的部件未妥善保管的，随意放置的，扣2分			

续表

序号	项目	考核要点	配分	评分标准	得分	扣分	备注
2.4	回装阶段	1. 发电机回装； 2. 联轴器回装； 3. 电缆及发电机附件回装； 4. 机舱罩回装； 5. 发电机对中	26	1. 按吊装要求，将合格的新发电机缓慢吊起，对准机舱内位置，缓慢落下，吊装前，未对发电机进行外观及出厂报告检查，扣2分； 2. 在未对中前，发电机弹性支撑与机架连接螺栓力矩不要紧固到额定力矩，操作不当的，扣2分； 3. 未用卷尺检查联轴器的制动盘与锁紧盘端面装配尺寸是否满足安装尺寸要求，扣3分； 4. 安装联轴器，未按厂家作业指导书要求力矩紧固到位，并做好力矩标识，扣2分； 5. 发电机定、转子连接电缆未按相序连接，扣2分；未按厂家作业指导书要求力矩紧固到位，并做好力矩标识，扣2分； 6. 发电机传感器及编码器信号电缆按标记正确连接，未确认是否紧固的，扣2分； 7. 按吊装要求将机舱罩就位后，未按厂家作业指导书要求力矩紧固到位，并做好力矩标识，扣2分； 8. 机舱罩安装后，应连接发电机通风管及齿轮箱通风管，未检查是否牢固可靠，扣2分； 9. 按标记连接风速仪、风向标、机舱内照明等设施，未检查是否牢固可靠，扣3分；			

续表

序号	项目	考核要点	配分	评分标准	得分	扣分	备注
2.4	回装阶段	1. 发电机回装； 2. 联轴器回装； 3. 电缆及发电机附件回装； 4. 机舱罩回装； 5. 发电机对中	26	10. 回装完成后，未使用对中仪找中，校核安装偏差，扣3分； 11. 对中完成后，发电机弹性支撑与机架连接螺栓未按厂家作业指导书要求力矩紧固到位，并做好力矩标识，扣3分			
2.5	调试阶段	1. 发电机冷却系统调试； 2. 发电机润滑系统调试； 3. 发电机绝缘测试； 4. 部分功能测试	18	1. 未确认发电机冷却装置工作是否正常的，扣2分； 2. 未检查润滑系统是否正常，有渗漏情况发生，扣2分； 3. 未测量绝缘电阻是否满足厂家要求，扣2分； 4. 未检查炭刷磨损信号变化是否正常，扣2分； 5. 未检查雷电保护装置信号是否正常，安装可靠，接地是否良好，扣2分； 6. 未检查发电机温度传感器信号是否正常，扣2分； 7. 未检查测速传感器信号及发电机编码器信号是否正常，扣2分； 8. 未检查风速仪、风向标等信号是否正常，扣2分； 9. 未检查机舱内插座电源、照明等设施是否正常工作，扣2分			
2.6	试运阶段	1. 运行状态检查； 2. 运行数据比对分析	12	1. 复位启机，解决出现的故障，扣1分； 2. 未确认是否有报警信号，扣1分； 3. 未观察齿轮箱高速轴转速与发电机转速对比，扣2分；			

续表

序号	项目	考核要点	配分	评分标准	得分	扣分	备注
2.6	试运阶段	1. 运行状态检查； 2. 运行数据比对分析	12	4. 未检查发电机有无异常振动和异响，扣2分； 5. 在控制面板上未观察发电机各温度测点，扣2分； 6. 未确认与发电机自身有关参数设定是否正确，扣2分； 7. 启动机组未按照要求适当限制发电功率，不能满足发电机磨合要求的，扣2分			
3	工作终结验收						
3.1	安全文明生产	汇报结束前，所选工器具放回原位，摆放整齐；无损坏原件、工具；恢复现场；无不安全行为	4	1. 出现不安全行为，每次扣1分； 2. 作业完毕，现场未清理恢复，扣2分；不彻底，扣1分； 3. 损坏工器具，每件扣1分			
合计得分							

否定项说明：（1）违反中国华能集团公司《电力安全作业规程》（2020年版）；
（2）违反考场纪律；
（3）造成设备重大损坏；
（4）发生人身伤害事故

考试人员：　　　　　　　　　　考评员：　　　　　　　　　　年　月　日

第十一章　发电机阻值测量

第一节　发电机阻值测量操作技能任务书

一、安全要求

（一）基本要求

正确使用安全工器具，不发生人身伤害和设备损坏事故。

（二）风险点分析

（1）人身伤害。

（2）机械伤害。

（3）工器具伤害。

（4）设备损坏。

（三）安全措施

（1）专责监护人应履行监护责任，不得兼做其他工作，要选择便于监护的位置，监护的范围不得超过一个作业点。

（2）作业人员应听从工作负责人指挥。

（3）作业过程中，作业人员应始终穿戴防护用具。

（四）考核要求

1.工作准备

正确选择工具及器材；正确合理着装；不发生人身伤害和设备损坏事故。

2.作业过程

（1）按要求进行工器具外观检查。

（2）风机停机，并切换至维护状态，将工具带到机舱，将风机刹车。

（3）绝缘电阻表检查：发电机定转子绕组、滑环、刷架、电缆以及各传感器及电源线的对地绝缘电阻。

1）检查要求：定子直流电阻检测在接线盒内直接测量，转子直流电阻检测需要将转子引出线与滑环断开，从转子引出线测量。

2）标准要求：定、转子绕组，各线端电阻值与三个线端电阻的平均值之差：三角形接法≤1.5%，星形接法≤2%。每一电阻测量的三次读数不平衡度 ±0.5%。

3）结果判断：若检测数值超过标准要求值，初步可以判断绕组存在匝间或相间短路故障；若检测出两相没有阻值，一相有阻值，则初步可以判断为一相引出线断开。

（4）直流电阻仪检查：检查发电机定转子绕组直流电阻；可以发现引出线断裂、绕组匝间或相间短路等故障。

1）检查要求：定子直流电阻检测在接线盒内直接测量，转子直流电阻检测需要将转子引出线与滑环断开，从转子引出线测量。

2）标准要求：定、转子绕组，各线端电阻值与三个线端电阻的平均值之差：三角形接法≤1.5%，星形接法≤2%。每一电阻测量的三次读数不平衡度 ±0.5%。

3）结果判断：若检测数值超过标准要求值，初步可以判断绕组存在匝间或相间短路故障；若检测出两相没有阻值，一相有阻值，则初步可以判断为一相引出线断开。

3.否定项说明

（1）违反中国华能集团公司《电力安全作业规程》(2020年版)。

（2）违反考场纪律。

（3）造成设备重大损坏。

（4）发生人身伤害事故。

二、实训作业指导书

（一）培训目标

通过专业理论学习和技能操作训练，使学员熟练掌握更换双馈发电机阻值测量的方法。

（二）任务描述

（1）对双馈发电机阻值进行测量。

（2）对工器具进行外观检查；材料工具选择符合要求；正确使用工器具；无不安全现象发生；验收工作正确、完整。

（三）培训对象

风电场检修作业人员。

（四）培训方式及时间

1.培训方式

教师现场讲解、示范，学员技能操作训练，培训结束后进行理论考核与实操测试。

2.培训时间

表 11-1 培训学时

项目	时间
双馈发电机基本构造及原理	2 学时
测量双馈发电机阻值作业流程	1 学时
操作讲解、示范	2 学时

续表

项目	时间
分组操作训练	12 学时
操作测试	1 学时
合计	18 学时

（五）培训参考教材与规程

检修维护手册。

（六）场地准备

（1）培训场所：风电场。

（2）培训工具及设备材料准备。

表 11-2　安全工器具及材料清单

序号	名称	规格型号	数量	单位	备注
1	摇表		1	套	
2	直阻测量仪		1	套	
3	扳手套装（套筒头）		1	套	
4	内六角扳手		1	套	
5	手电筒		1	个	

（七）操作步骤

1.准备工作

风力发电机组。

2.操作步骤

（1）开工准备。

1）现场复勘。

2）召开班前会。

3）布置工作现场、检查工器具。

（2）作业步骤。

1）验电。

2）风机停机。

3.工作结束

（1）将现场所有工器具放回原位，摆放整齐。

（2）清理工作现场，离场。

（八）考核知识点及作业流程

（1）现场复勘。

（2）执行工作许可制度。
（3）召开班前会。
（4）布置工作现场。
（5）检查工器具。
（6）验电。
（7）工作验收。
（8）撤离风机。
（9）清理现场。
（10）工作结束。

第二节 发电机阻值测量操作技能考核评分标准

表 11–3 双馈发电机阻值测量操作技能考评评分记录表

序号	项目	考核要点	配分	评分标准	得分	扣分	备注
1	工作准备						
1.1	着装穿戴	1. 穿工作服、绝缘鞋； 2. 戴安全帽、口罩、手套	5	1. 未穿工作服、绝缘鞋，未戴安全帽、线手套，每缺少一项扣 1 分； 2. 着装穿戴不规范，每处扣 1 分			
1.2	现场复勘	核对现场机位号与设备双重名称。 检查装置的作业条件	4	出现以下任何一项，扣 1 分： 1. 未口述现场机位号与设备双重名称； 2. 没有检查发电机质量动作； 3. 没有检查风速； 4. 有补充安全措施栏，没有补充措施的未在相应栏填写“无”			
1.3	工器具、材料检查	工器具准备	5	培训工具应准备齐全，摇表、直阻、测量仪、扳手套装（套筒头）、内六角扳手、手电，落下一项扣 1 分			
		工器具放置规范	2	工器具未分区放置，扣 2 分			

续表

序号	项目	考核要点	配分	评分标准	得分	扣分	备注
1.3	工器具、材料检查	安全带要求	3	出现以下任何一项，扣1分： 1. 未使用全方位安全带； 2. 安全带外观明显磨损现象或者绳索、编带有断裂、断股、扭结； 3. 未对安全带做冲击试验，冲击试验方法不正确［保险带（绳）、卡环冲击试验中没有受力］			
		工器具检查	2	出现以下任何一项，扣1分： 1. 工器具有损伤； 2. 工器具规格型号与要求不一致			
2	工作过程						
2.1	正确使用个人安全用具	个人安全用具使用规范	2	1. 未使用口罩，扣1分； 2. 未按要求扣紧袖口，发辫要放在帽内，防止衣服被转动部分挂住，扣1分			
2.2	验电、断电	验电、断电顺序及方法	2	未按顺序断电、验电，扣1分；遗漏验电的内容，每项内容扣1分（绝缘导线视为带电体）			
2.3	绝缘电阻表检查	绝缘电阻表检查方法	20	1. 发电机定转子绕组、滑环、刷架、电缆以及各传感器及电源线对地绝缘电阻，可以发现绕组绝缘是否接地，扣5分； 2. 检查要求：定转子绕组、滑环、刷架、电缆用1000V绝缘电阻表进行检测，要求≥50MΩ。传感器及电源线对地绝缘电阻用500V绝缘电阻表进行检测，要求≥50MΩ，扣10分；			

续表

序号	项目	考核要点	配分	评分标准	得分	扣分	备注
2.3	绝缘电阻表检查	绝缘电阻表检查方法	20	3. 结果判断：检测时，从定子接线盒内检测，若存在对地情况，则需要拆机排查是引出线接地还是绕组接地。从转子接线盒内检测，若存在对地情况，需要将转子轴内三相引出线断开，分别测量转子绕组和滑环－刷架，判断是哪个部位绝缘对地，扣5分			
2.4	直流电阻仪检查	直流电阻仪检查方法	20	1. 检查发电机定转子绕组直流电阻；可以发现引出线断裂、绕组匝间或相间短路等故障，扣5分； 2. 检查要求：定子直流电阻检测在接线盒内直接测量，转子直流电阻检测需要将转子引出线与滑环断开，从转子引出线测量，扣5分； 3. 标准要求：定、转子绕组，各线端电阻值与三个线端电阻的平均值之差：三角形接法≤1.5%，星形接法≤2%。每一电阻测量的三次读数不平衡度 ±0.5%，扣5分； 4. 结果判断：若检测数值超过标准要求值，初步可以判断绕组存在匝间或相间短路故障；若检测出两相没有阻值，一相有阻值，则初步可以判断为一相引出线断开，扣5分			
		电气绝缘故障类型	20	1. 发电机电气故障主要有：绕组对地短路故障、绕组匝间短路故障、绕组相间短路故障、绕组相间断路故障，扣2分；			

续表

序号	项目	考核要点	配分	评分标准	得分	扣分	备注
2.4	直流电阻仪检查	电气绝缘故障类型	20	2. 发电机运行初期出现对地短路故障、匝间或相间短路故障，主要原因是发电机制造过程出现绕组绝缘破损，存在薄弱点造成，扣2分； 3. 发电机运行中、后期出现对地短路故障、匝间或相间短路故障，主要原因是绕组绝缘老化、机组运行振动等综合作用造成，扣2分； 4. 绝缘系统是电机结构中较薄弱的环节，老化、磨损、过热、受潮、污染、电晕都会造成绝缘故障，扣2分； 5. 老化，电机绝缘在运行中由于长期的高温，机械应力、电磁场、日照、臭氧等因素的作用，发生种种物理和化学的变化，使其机械强度降低，电气性能劣化，出现裂纹，泄漏电流增加，介质损耗增加，击穿电压降低，扣2分； 6. 磨损，绝缘结构由于电磁力和机械振动等原因，绕组间、绕组与铁心、固定结构件之间会发生不断摩擦，而使绝缘局部变薄、损坏，扣2分； 7. 过热，绝缘材料和绝缘结构中，由于内部挥发成分的逸出，氧化裂解，热裂解等化学、物理变化，生成氧化物，使绝缘层变硬，发脆、出现裂纹、针孔，导致机械和电气性能降低，扣2分；			

续表

序号	项目	考核要点	配分	评分标准	得分	扣分	备注
2.4	直流电阻仪检查	电气绝缘故障类型	20	8. 受潮，绝缘材料和绝缘结构中有许多有机纤维材料，组织疏松，多孔。水分子能够渗透到绝缘材料的裂纹和毛细孔，溶解于绝缘油和绝缘漆中，漏导电流大大增加，电气性能大大降低，扣 2 分； 9. 污染，绝缘结构表面和内部存在不少裂纹、针孔和微泡，当导电性尘埃或液体黏结在绝缘层的表面或渗入裂纹和针孔时，构成了很多漏电通道，使漏导电流大大增加，降低了绝缘可靠性，扣 2 分； 10. 电晕，当局部场强达到临界值时，空气发生局部电离，在黑暗时能看见蓝色荧光；电晕产生的热效应、臭氧和氮的氧化物都会对绝缘产生腐蚀，使局部绝缘层很快消蚀，耐压强度降低，扣 2 分			
		发电机基础结构	10	发电机本体，每项扣 2 分： 1. 定子（定子铁心、定子绕组、机座）； 2. 转子（转子铁心、转子绕组）； 3. 滑环 – 刷架系统（滑环、刷架、报警开关）； 4. 轴承系统（轴承、端盖结构、绝缘结构）； 5. 冷却系统； 6. 其他附件			
3	工作终结验收						

续表

序号	项目	考核要点	配分	评分标准	得分	扣分	备注
3.1	安全文明生产	汇报结束前，所选工器具放回原位，摆放整齐；无损坏原件、工具；恢复现场；无不安全行为	5	1. 出现不安全行为，每次扣 2 分； 2. 作业完毕，现场未清理恢复，扣 2 分；不彻底，扣 1 分； 3. 损坏工器具，每件扣 1 分			
合计得分							

否定项说明：（1）违反中国华能集团公司《电力安全作业规程》（2020 年版）；

（2）违反考场纪律；

（3）造成设备重大损坏；

（4）发生人身伤害事故

考试人员：　　　　考评员：　　　　年　月　日

第十二章　偏航减速机更换

第一节　偏航减速机更换操作技能任务书

一、安全要求

（一）基本要求

正确使用安全工器具，不发生人身伤害和设备损坏事故。

（二）风险点分析

（1）人身伤害。

（2）机械伤害。

（3）工器具伤害。

（4）设备损坏。

（三）安全措施

（1）专责监护人应履行监护责任，不得兼做其他工作，要选择便于监护的位置，监护的范围不得超过一个作业点。

（2）作业人员应听从工作负责人指挥。

（3）作业过程中，作业人员应始终穿戴防护用具。

（四）考核要求

1.工作准备

正确选择工具及器材；正确合理着装；不发生人身伤害和设备损坏事故。

2.作业过程

（1）拆除电气连接。

（2）偏航点机拆卸。

（3）偏航减速机拆卸。

（4）安装偏航电机。

（5）调整齿侧间隙。

（6）安装偏航电机。

（7）恢复电气连接。

（8）观察偏航减速机旋转方向。

（9）齿轮啮合间隙调整。

（10）检查齿面润滑情况。

（11）运行状态检查。

（12）运行数据比对分析。

（13）检查运行是否有异响。

（14）检查偏航减速机及偏航减速机温度。

3.否定项说明

（1）违反中国华能集团公司《电力安全作业规程》（2020年版）。

（2）违反考场纪律。

（3）造成设备重大损坏。

（4）发生人身伤害事故。

二、实训作业指导书

（一）培训目标

通过专业理论学习和技能操作训练，使学员熟练掌握更换偏航减速机的方法。

（二）任务描述

（1）掌握更换偏航减速机的作业流程及注意事项。

（2）对工器具进行外观检查；材料工具选择符合要求；正确使用工器具；无不安全现象发生；验收工作正确、完整。

（三）培训对象

风电场检修作业人员。

（四）培训方式及时间

1.培训方式

教师现场讲解、示范，学员技能操作训练，培训结束后进行理论考核与实操测试。

2.培训时间

表12-1　培训学时

项目	时间
偏航减速机专业知识	2学时
更换偏航减速机作业流程	2学时
操作讲解、示范	2学时
分组操作训练	12学时
操作测试	6学时
合计	24学时

（五）培训参考教材与规程

（1）中国华能集团公司《风力发电场检修与维护技术导则》（Q/ HN-1-0000.08.014—2014）。

（2）中国华能集团公司《电力安全作业规程》（2020年版）。

（六）场地准备

（1）培训场所：风电场。

（2）培训工具及设备材料准备。

表 12-2　　安全工器具及材料清单

序号	名称	规格型号	数量	单位	备注
1	安全帽		1	个	
2	安全带		1	个	
3	双钩安全绳		1	个	
4	防坠器		1	个	
5	手套		1	套	
6	螺丝刀	一字、十字	2	把	
7	记号笔		1	个	
8	万用表		1	个	
9	内六角扳手		1	套	
10	棘轮扳手		1	套	
11	密封胶		2	管	
12	螺纹紧固胶		2	管	
13	力矩扳手	200N · m	1	个	
14	力矩扳手	400N · m	1	个	
15	活动扳手		1	个	
16	葫芦起重机	1t	2	个	
17	自制工装		1	套	
18	齿轮油		20	升	
19	空油桶		1	个	
20	卡簧钳		1	个	
21	撬棍		1	个	
22	抹布		1	沓	
23	绝缘胶布		1	卷	

续表

序号	名称	规格型号	数量	单位	备注
24	钢丝绳		1	根	

（七）操作步骤

1.准备工作

风力发电机组。

2.操作步骤

（1）开工准备。

1）现场复勘。

2）召开班前会。

3）布置工作现场、检查工器具。

（2）作业步骤。

1）验电。

2）风机停机。

3.工作结束

（1）将现场所有工器具放回原位，摆放整齐。

（2）清理工作现场，离场。

（八）考核知识点

（1）断开偏航减速机电源。

（2）拆除偏航减速机电源线并妥善固定，做好相序标志。

（3）拆除偏航减速机与偏航减速机连接螺栓，取下偏航减速机，注意保存电机主轴平键。

（4）选择合适的吊具及搬运方式，起吊时应有防护措施，防止电机擦碰，将拆下的电机放置于机舱内木架或平滑干燥的橡胶垫上，妥善固定。

（5）注意保护电机轴伸端，防止撞击损坏。

（6）拆除偏航减速机与机架连接螺栓，取下偏航减速机，注意保护偏航齿轮，防止齿面受损。

（7）选择合适的吊具及搬运方式，将拆下的偏航减速机使用机舱起重器运输至塔基，妥善放置，注意偏航减速机运输及存放时只能处于垂直状态，不能水平状态下进行运输及存放。

（8）安装前检查偏航减速机传动比是否与原偏航减速机一致。

（9）一般偏航减速机为一个整体，现场不必重新解体装配。

（10）一般偏航减速机出厂时已注油至要求，安装前无须另外注油。

（11）按照风机维护作业指导书间隙要求调整齿侧间隙。

（12）固定偏航减速机，按照风机维护作业指导书紧固力矩要求，使用力矩扳手紧固偏航减速机与机架连接螺栓。

（13）安装偏航减速机，安装时注意平键方向，防止备件损坏。

（14）固定偏航减速机，按照风机维护作业指导书紧固力矩要求，使用力矩扳手紧固偏航减速机与偏航减速机连接螺栓。

（15）按照原相序连接偏航减速机电源线。

（16）恢复电机电源。

（17）在偏航减速机下部小齿轮齿面涂抹润滑脂，齿面要涂抹到位，作业时注意安全，应与主控柜操作人员配合进行。

（18）触发更换偏航减速机接触器，观察电机旋转方向是否正确，若不正确，调整接线相序。

（19）使用塞尺检查啮合面间隙，若不符合风机维护作业指导书要求则进行调整。

（20）检查齿面润滑脂是否涂抹到位，有无遗漏部位。

（21）风机复位，观察故障信号已消除，确认无任何报警信号。

（22）检查偏航减速机内无异响。

（23）使用红外线测温仪检查电机及偏航减速机运行温度是否正常。

第二节　偏航减速机更换操作技能考核评分标准

表 12–3　　偏航减速机更换操作技能考评评分记录表

序号	项目	考核要点	配分	评分标准	得分	扣分	备注
1	工作准备						
1.1	着装穿戴	1. 穿工作服、绝缘鞋； 2. 戴安全帽、口罩、手套	5	1. 未穿工作服、绝缘鞋，未戴安全帽、线手套，每缺少一项扣 1 分； 2. 着装穿戴不规范，每处扣 1 分			
1.2	现场复勘	核对现场机位号与设备双重名称。 检查装置的作业条件	4	出现以下任何一项，扣 1 分： 1. 未口述现场机位号与设备双重名称； 2. 没有检查发电机质量动作； 3. 没有检查风速； 4. 有补充安全措施栏，没有补充措施的未在相应栏填写“无”			

续表

序号	项目	考核要点	配分	评分标准	得分	扣分	备注
1.3	工器具、材料检查	工器具、材料准备	10	培训工具未准备齐全，螺丝刀、记号笔、万用表、内六角扳手、棘轮、密封胶、200 N·m 力矩扳手、1t 吊葫芦、自制工装、齿轮油、空油桶、卡簧钳、撬棍、抹布、绝缘胶布、钢丝绳，落下一项扣 1 分			
		工器具、材料放置规范	4	出现以下任何一项，扣 2 分： 1. 工器具未分区放置； 2. 备件未安全放置			
		安全带要求	3	出现以下任何一项，扣 1 分： 1. 未使用全方位安全带； 2. 安全带外观明显磨损现象或者绳索、编带有断裂、断股、扭结； 3. 未对安全带做冲击试验，冲击试验方法不正确［保险带（绳）、卡环冲击试验中没有受力］			
		材料检查	4	出现以下任何一项，扣 2 分： 1. 编码器有损伤； 2. 编码器规格型号与要求不一致			
2	工作过程						
2.1	正确使用个人安全用具	个人安全用具使用规范	4	未按要求扣紧袖口，发辫要放在帽内，防止衣服被转动部分挂住，扣 4 分			
2.2	验电、断电	验电、断电顺序及方法	6	1. 未按顺序断电、验电，扣 3 分； 2. 遗漏验电的内容，每项内容扣 3 分（绝缘导线视为带电体）			
2.3	偏航减速机更换	更换过程	50	1. 未断开偏航减速机电源，扣 2 分；			

续表

序号	项目	考核要点	配分	评分标准	得分	扣分	备注
2.3	偏航减速机更换	更换过程	50	2. 拆除偏航减速机电源线并妥善固定，未做好相序标志，扣2分； 3. 拆除偏航减速机与偏航减速机连接螺栓，取下偏航减速机，未采取措施保存电机主轴平键，扣2分； 4. 选择合适的吊具及搬运方式，起吊时未有防护措施，扣2分； 5. 防止电机擦碰，将拆下的电机放置于机舱内木架或平滑干燥的橡胶垫上，未采取妥善固定措施，扣2分； 6. 未采取措施保护电机轴伸端，防止撞击损坏，扣2分； 7. 拆除偏航减速机与机架连接螺栓，取下偏航减速机，未采取保护偏航齿轮，防止齿面受损的措施，扣2分； 8. 选择合适的吊具及搬运方式，将拆下的偏航减速机使用机舱起重器运输至塔基，妥善放置，注意偏航减速机运输及存放时只能处于垂直状态，不能水平状态下进行运输及存放，方法不正确的，扣2分； 9. 安装前未检查偏航减速机传动比是否与原偏航减速机一致，扣2分； 10. 一般偏航减速机为一个整体，现场不必重新解体装配，扣2分；			

续表

序号	项目	考核要点	配分	评分标准	得分	扣分	备注
2.3	偏航减速机更换	更换过程	50	11. 一般偏航减速机出厂时已注油至要求，安装前无须另外注油，未检查出现油样合格报告的，扣2分； 12. 未按照风机维护作业指导书间隙要求调整齿侧间隙，扣2分； 13. 固定偏航减速机，未按照风机维护作业指导书紧固力矩要求，使用力矩扳手紧固偏航减速机与机架连接螺栓，扣3分； 14. 安装偏航减速机，安装时注意平键方向，防止备件损坏，出现损坏情况，扣2分； 15. 固定偏航减速机，未按照风机维护作业指导书紧固力矩要求，使用力矩扳手紧固偏航减速机与偏航减速机连接螺栓，扣3分； 16. 未按照原相序连接偏航减速机电源线，扣2分； 17. 未恢复电机电源，扣2分； 18. 在偏航减速机下部小齿轮齿面未涂抹润滑脂，齿面要涂抹到位，作业时注意安全，应与主控柜操作人员配合进行，扣2分； 19. 触发更换偏航减速机接触器，观察电机旋转方向是否正确，若不正确，调整接线相序，调整不正确的，扣2分； 20. 使用塞尺检查啮合面间隙，若未按照风机维护作业指导书要求则进行调整，扣2分；			

续表

序号	项目	考核要点	配分	评分标准	得分	扣分	备注
2.3	偏航减速机更换	更换过程	50	21. 检查齿面润滑脂是否涂抹到位，有遗漏部位，扣2分； 22. 风机复位，观察故障信号已消除，确认无任何报警信号，无此操作的，扣2分； 23. 检查偏航减速机内无异响，无此操作的，扣2分； 24. 使用红外线测温仪检查电机及偏航减速机运行温度是否正常，无此操作的，扣2分			
3	工作终结验收						
3.1	安全文明生产	汇报结束前，所选工器具放回原位，摆放整齐；无损坏原件、工具；恢复现场；无不安全行为	10	1. 出现不安全行为，每次扣5分； 2. 作业完毕，现场未清理恢复，扣3分；不彻底，扣2分； 3. 损坏工器具，每件扣2分			
合计得分							

否定项说明：（1）违反中国华能集团公司《电力安全作业规程》（2020年版）；
（2）违反考场纪律；
（3）造成设备重大损坏；
（4）发生人身伤害事故

考试人员：　　　　　　考评员：　　　　　　年　月　日

第十三章　偏航制动器更换

第一节　偏航制动器更换操作技能任务书

一、安全要求

（一）基本要求

正确使用安全工器具，不发生人身伤害和设备损坏事故。

（二）风险点分析

（1）人身伤害。

（2）机械伤害。

（3）工器具伤害。

（4）设备损坏。

（三）安全措施

（1）专责监护人应履行监护责任，不得兼做其他工作，要选择便于监护的位置，监护的范围不得超过一个作业点。

（2）作业人员应听从工作负责人指挥。

（3）作业过程中，作业人员应始终穿戴防护用具。

（四）考核要求

1.工作准备

正确选择工具及器材；正确合理着装；不发生人身伤害和设备损坏事故。

2.作业过程

（1）液压系统泄压，关断阀门。

（2）偏航制动器连接管路的拆卸。

（3）偏航制动器拆卸。

（4）新偏航制动器回装。

（5）偏航制动器连接管路回装。

（6）偏航制动器残压调试。

3.否定项说明

（1）违反中国华能集团公司《电力安全作业规程》（2020年版）。

（2）违反考场纪律。

（3）造成设备重大损坏。

（4）发生人身伤害事故。

二、实训作业指导书

（一）培训目标

通过专业理论学习和技能操作训练，使学员熟练掌握更换偏航制动器的方法。

（二）任务描述

（1）检查偏航刹车盘表面是否有裂纹、擦伤和碎片。

（2）检查刹车盘上是否有油污，如有则用清洗剂清洗，同时应找出污染的原因并处理。

（3）检查偏航刹车片表面无损伤。

（4）检查测量并记录刹车片厚度；先卸除液压站的系统压力，再拆除刹车挡板，方可取下刹车片；如刹车片厚度小于最小厚度需更换刹车片。

（5）掌握更换偏航制动器的作业流程。

（6）对工器具进行外观检查；材料工具选择符合要求；正确使用工器具；无不安全现象发生；验收工作正确、完整。

（三）培训对象

风电场检修作业人员。

（四）培训方式及时间

1.培训方式

教师现场讲解、示范，学员技能操作训练，培训结束后进行理论考核与实操测试。

2.培训时间

表 13–1　培训学时

项目	时间
偏航制动器专业知识	1 学时
更换偏航制动器作业流程	2 学时
操作讲解、示范	2 学时
分组操作训练	8 学时
操作测试	1 学时
合计	14 学时

（五）培训参考教材与规程

（1）中国华能集团公司《风力发电场检修与维护技术导则》（Q/ HN–1–0000.08.014—2014）。

（2）中国华能集团公司《电力安全作业规程》（2020 年版）。

（六）场地准备

（1）培训场所：风电场。

（2）培训工具及设备材料准备。

表 13-2　安全工器具及材料清单

序号	名称	规格型号	数量	单位	备注
1	安全帽		1	个	
2	安全带		1	个	
3	活动扳手	8 寸	2	把	
4	棘轮扳手	19mm	2	把	
5	力矩扳手	1500N · m	1	个	
6	力矩扳手	200N · m	1	个	
7	内六角扳手		1	套	
8	套筒头	41 号	1	个	
9	套筒头	19 号	1	个	
10	油管堵塞接头		若干	个	
11	密封胶圈		若干	个	
12	记号笔		1	个	
13	万用表		1	个	
14	游标卡尺		1	个	
15	螺丝刀	一字	1	把	
16	螺丝刀	十字	1	把	
17	尖嘴钳		1	把	
18	偏口钳		1	把	

（七）操作步骤

1.准备工作

风力发电机组。

2.操作步骤

（1）开工准备。

1）现场复勘。

2）召开班前会。

3）布置工作现场、检查工器具。

（2）作业步骤。

1）验电。

2）风机停机。

3.工作结束

（1）将现场所有工器具放回原位，摆放整齐。

（2）清理工作现场，离场。

（八）考核知识点

（1）风速超过5m/s时，不得对该项工作进行操作。

（2）偏航制动器连接管路拆卸前，风机必须在停机状态下，且液压站停止工作，手动泄压阀处于“打开”状态。

（3）使用压力表在偏航制动器测压点验明确无压力。

（4）拆下的管件及制动器液压接口做好临时封堵，避免颗粒等杂物进入管件内。

（5）拆下的部件必须妥善保管。

（6）安装新偏航制动器前，检查刹车片有效厚度。

（7）禁止拆卸时的液压油污染刹车片及刹车盘。

（8）偏航制动器就位后，所有固定螺栓按额定力矩紧固后做好标记。

（9）偏航制动器连接管路回装时使用力矩扳手（100~120N・m力矩值）紧固管接头，管件接口处应清洁，密封胶圈无缺失并接触良好。

（10）将连接管路恢复后，启动液压站，观察各接口处有无渗油现象。

（11）在最后一个偏航制动器测压点进行“排气”处理，宜手动点动打压，确保液压站压力值不得超过0.5MPa，逐步将管路中气体排出，直至测压点无气体声并有液压油流出，此项工作反复进行多次，确保再无气体排出。

（12）在液压站偏航残压阀体进行偏航残压调整，一般为2MPa左右（具体压力按照机组要求执行）。

（13）手动偏航，观察制动器回油管有无回油流出，仔细聆听偏航声音是否平滑、顺畅。

第二节　偏航制动器更换操作技能考核评分标准

表13-3　　偏航制动器更换操作技能考评评分记录表

序号	项目	考核要点	配分	评分标准	得分	扣分	备注
1	工作准备						
1.1	着装穿戴	1.穿工作服、绝缘鞋； 2.戴安全帽、口罩、手套	5	1.未穿工作服、绝缘鞋，未戴安全帽、线手套，每缺少一项扣1分； 2.着装穿戴不规范，每处扣1分			

续表

序号	项目	考核要点	配分	评分标准	得分	扣分	备注
1.2	现场复勘	核对现场机位号与设备双重名称。 检查装置的作业条件	4	出现以下任何一项，扣1分： 1. 未口述现场机位号与设备双重名称； 2. 没有检查发电机质量动作； 3. 没有检查风速； 4. 有补充安全措施栏，没有补充措施的未在相应栏填写“无”			
1.3	工器具、材料检查	工器具、材料准备	10	培训工具未准备齐全，油管、堵塞接头、密封胶圈、记号笔、万用表、游标卡尺、一字螺丝刀、十字螺丝刀、尖嘴钳、偏口钳，落下一项扣1分			
		工器具、材料放置规范	4	出现以下任何一项，扣2分： 1. 工器具未分区放置； 2. 备件未安全放置			
		安全带要求	3	出现以下任何一项，扣1分： 1. 未使用全方位安全带； 2. 安全带外观明显磨损现象或者绳索、编带有断裂、断股、扭结； 3. 未对安全带做冲击试验，冲击试验方法不正确［保险带（绳）、卡环冲击试验中没有受力］			
		材料检查	4	出现以下任何一项，扣2分： 1. 编码器有损伤； 2. 编码器规格型号与要求不一致			
2	工作过程						
2.1	正确使用个人安全用具	个人安全用具使用规范	4	未按要求扣紧袖口，发辫要放在帽内，防止衣服被转动部分挂住，扣4分			
2.2	验电、断电	验电、断电顺序及方法	6	1. 未按顺序断电、验电，扣3分； 2. 遗漏验电的内容，每项内容扣3分（绝缘导线视为带电体）			

续表

序号	项目	考核要点	配分	评分标准	得分	扣分	备注
2.3	偏航制动器更换	更换过程	50	1. 风速超过 5m/s 时，不得对该项工作进行操作，操作前未观察风速大小，扣 3 分； 2. 偏航制动器连接管路拆卸前，风机未在停机状态，扣 3 分； 3. 液压站未停止工作，手动泄压阀未处于“打开”状态，扣 3 分； 4. 使用压力表在偏航制动器测压点未验明确无压力，扣 3 分； 5. 拆下的管件及制动器液压接口未做好临时封堵，扣 3 分； 6. 拆下的部件未妥善保管，扣 3 分； 7. 安装新偏航制动器前，未检查刹车片有效厚度，扣 3 分； 8. 拆卸时的液压油有污染刹车片及刹车盘的情况，扣 5 分； 9. 偏航制动器就位后，未将所有固定螺栓按额定力矩紧固后做好标记，扣 3 分； 10. 偏航制动器连接管路回装时使用力矩扳手（100 ~120N · m 力矩值）紧固管接头，力矩值设定不对的，扣 3 分； 管件接口处应清洁，密封胶圈有缺失或接触不良的情况，扣 3 分； 11. 将连接管路恢复后，启动液压站，观察各接口处有渗油现象，扣 3 分；			

续表

序号	项目	考核要点	配分	评分标准	得分	扣分	备注
2.3	偏航制动器更换	更换过程	50	12. 在最后一个偏航制动器测压点进行“排气”处理，宜手动点动打压，确保液压站压力值不得超过0.5MPa，超过压力值，扣3分；逐步将管路中气体排出，直至测压点无气体声并有液压油流出，此项工作反复进行多次，确保再无气体排出，如有气体排出，扣3分； 13. 在液压站偏航残压阀体进行偏航残压调整，一般为2MPa左右（具体压力按照机组要求执行），未按照标准执行，扣4分； 14. 手动偏航，观察制动器回油管有无回油流出，仔细聆听偏航声音是否平滑、顺畅，未开展此项工作，扣5分			
3	工作终结验收						
3.1	安全文明生产	汇报结束前，所选工器具放回原位，摆放整齐；无损坏原件、工具；恢复现场；无不安全行为	10	1. 出现不安全行为，每次扣5分； 2. 作业完毕，现场未清理恢复，扣2分；不彻底，扣1分； 3. 损坏工器具，每件扣3分			
合计得分							

否定项说明：（1）违反中国华能集团公司《电力安全作业规程》（2020年版）；
（2）违反考场纪律；
（3）造成设备重大损坏；
（4）发生人身伤害事故

考试人员：　　　　考评员：　　　　年　月　日

第十四章　滑环清洗

第一节　滑环清洗操作技能任务书

一、安全要求

（一）基本要求

正确使用安全工器具，不发生人身伤害和设备损坏事故。

（二）风险点分析

（1）人身伤害。

（2）工器具伤害。

（3）设备损坏。

（三）安全措施

（1）专责监护人应履行监护责任，不得兼做其他工作，要选择便于监护的位置，监护的范围不得超过一个作业点。

（2）作业人员应听从工作负责人指挥。

（3）作业现场及工具摆放位置周围应设置安全围栏、警示标志，防止其他人员进入作业现场。

（4）作业过程中，作业人员应始终穿戴防护用具。

（四）考核要求

1.工作准备

正确选择工具及器材；正确合理着装；不发生人身伤害和设备损坏事故。

2.作业过程

（1）打开滑环前，首先将滑环外部的灰尘、油污清理干净，避免清洗滑环时有杂物落入滑环内部。

（2）用内六角扳手打开滑环外罩；将加热器板移开，去除导线固定扎带，用六角扳手将加热器板的螺栓松开，线缆放置一侧留出清洗空间；应注意切勿蛮力拉扯加热器，以免将加热器的电缆损坏。

（3）将滑环环体及弹簧刷用滑环专用清洗剂喷洒覆盖，清洗过程中应一直保持刷丝及环体的湿润性，并确保杂物及灰尘不会落入到环体上，用毛刷轻轻刷洗刷丝，将刷丝与环体之间的杂物清理干净；再用滑环清洗剂将刷丝冲刷干净，保持环体湿润状态。

（4）接下来清洗滑道，同时旋转环体；注意滑环摆放体位，以利于污物排出；每清理数个滑道后，持续使用滑环专用清洗机喷洒、冲洗；清理过程中至少保证滑道旋转3~4周；清洗过程中，应对滑环的密封件、接线端子、滑道与刷丝的磨损情况仔细检查，确定滑环各部件状态完好。

（5）滑环清洗完毕后，需用热风枪将滑环内部烘干，应注意热风枪的温度不要过热，避免损坏电缆或其他部件；注意务必保障滑环清洗剂被彻底烘干，避免带电后短路，烘干后，应用滑环专用润滑油对环道进行润滑，每列滑道滴1~2滴即可；润滑完毕后应旋转数周，保证润滑油附着均匀。

（6）恢复线缆固定，安装加热器板，安装壳罩，回装过程应注意保障滑环的密封性。螺丝应对角紧固，并用记号笔标记。

3.否定项说明

（1）违反中国华能集团公司《电力安全作业规程》（2020年版）。

（2）违反考场纪律。

（3）造成设备重大损坏。

（4）发生人身伤害事故。

二、实训作业指导书

（一）培训目标

通过专业理论学习和技能操作训练，使学员熟练掌握清洗滑环的方法。

（二）任务描述

（1）对变桨滑环进行清洗。

（2）对工器具进行外观检查；材料工具选择符合要求；正确使用工器具。无不安全现象发生；验收工作正确、完整。

（三）培训对象

风电场检修人员。

（四）培训方式及时间

1.培训方式

教师现场讲解、示范，学员技能操作训练，培训结束后进行技能测试。

2.培训时间

表 14-1　　培训学时

项目	时间
滑环专业知识	2 学时
清洗滑环作业流程	4 学时
操作讲解、示范	5 学时

续表

项目	时间
分组操作训练	8学时
技能测试	1学时
合计	20学时

（五）培训参考教材与规程

（1）中国华能集团有限公司《电力安全作业规程》（2020年版）。

（2）中国华能集团公司《风力发电场检修与维护技术导则》（Q/ HN-1-0000.08.014—2014）。

（六）场地准备

（1）培训场所：风电场创新活动室。

（2）场地及功能准备：必备2个以上工位，2组应考人员可以同时参加作业。考场布置现场工作间距足够，考生之间不得互相干扰；工具、材料按考核要求配备完备，对应的工作结果能够可靠评判。

（3）培训工具及设备材料准备（每工位）。

表 14-2　　安全工器具及材料清单

序号	名称	规格型号	单位	数量	备注
1	毛笔刷		个	1	现场准备
2	滑环专用润滑油		瓶	1	现场准备
3	热风枪		个	1	现场准备
4	内六角扳手		套	1	现场准备
5	滑环专用清洗剂		瓶	1	现场准备
6	记号笔		个	1	现场准备
7	抹布		块	1	现场准备
8	螺丝刀		个	1	现场准备

（七）操作步骤

1.准备工作

（1）场地、功能准备。

1）场地准备：风力发电机组。

2）功能准备：各工位之间用遮拦隔离，场地清洁，无干扰。

（2）工器具材准备。

对进场的工器具进行检查，确保能够正常使用，并整齐摆放于防潮毡布上。工具器材要求质量合格、安全可靠、数量满足需要。

2.操作步骤

（1）开工准备。清点工具。

（2）作业步骤。正确使用工器具，不存在野蛮操作、违规使用安全工器具。

3.工作结束

（1）将现场所有工器具放回原位，摆放整齐。

（2）清理工作现场，离场。

（八）考核知识点

（1）在开始滑环拆卸工作之前，要切断外部所有电源连接，保证整个滑环系统处于断电状态。

（2）滑环检修需要一个干净（Ⅲ类）环境，避免在有沙尘的环境下对滑环进行维护。

（3）滑环表面应光滑。

（4）检查滑环引出线在槽外部分的绝缘有无松散，脱落现象，如破损应使用玻璃丝带浸漆进行包扎。

（5）在开始安装前，关上电源，用手盘转滑环50圈。

（6）刷丝和环道接触要合适。

（7）回装过程中要注意不得留有残留物在滑环内，保持清洁。

（8）严格按照电路图进行电缆的连接。

（9）如果有专用接地接线柱，连接（PE）电缆应用绿/黄色电缆接到系统的PE接口。

（10）法兰的固定必须确保不会因为滑环的重量或滑环可能发生的振动而使法兰松动或损坏。

（11）确保滑环转子部件的转动无任何阻碍。

（12）确认滑环转子电缆与控制柜变桨系统连接良好。

（13）电阻值在正常范围内。

（14）声音正常。

（15）安装后应确认无任何报警信号。

（16）检查所有的接线完全符合图纸要求。

（17）确认有关参数是否正确。

第二节　滑环清洗操作技能考核评分标准

表 14-3　　滑环清洗操作技能考评评分记录表

序号	项目	考核要点	配分	评分标准	得分	扣分	备注
1	工作准备						
1.1	着装穿戴	1.穿工作服、绝缘鞋；	5	1.未穿工作服、绝缘鞋，未戴安全帽、线手套，每缺少一项扣1分；			

续表

序号	项目	考核要点	配分	评分标准	得分	扣分	备注
1.1	着装穿戴	2. 戴安全帽、线手套	5	2. 着装穿戴不规范，每处扣1分			
1.2	现场复勘	核对现场机位号与设备双重名称； 检查装置的作业条件	4	出现以下任何一项，扣1分： 1. 未口述现场机位号与设备双重名称； 2. 没有检查滑环质量动作； 3. 没有检查风速； 4. 有补充安全措施栏，没有补充措施的未在相应栏填写“无”			
1.3	工器具、材料检查	工器具、材料准备	8	培训工器具未准备齐全，落下一项扣1分			
		工器具、材料放置规范	2	出现以下任何一项，扣1分： 1. 工器具未分区放置； 2. 备件未安全放置			
		安全带要求	3	出现以下任何一项，扣1分： 1. 未使用全方位安全带； 2. 安全带外观明显磨损现象或者绳索、编带有断裂、断股、扭结； 3. 未对安全带做冲击试验，冲击试验方法不正确［保险带（绳）、卡环冲击试验中没有受力］			
2	工作过程						
2.1	正确使用个人安全用具	个人安全用具使用规范	2	1. 未使用口罩，扣1分； 2. 未按要求扣紧袖口，发辫要放在帽内，防止衣服被转动部分挂住，扣1分			
2.2	验电、断电	验电、断电顺序及方法	2	1. 未按顺序断电、验电，扣1分； 2. 遗漏验电的内容，每项内容扣1分（绝缘导线视为带电体）			
2.3	拆卸滑环	拆卸滑环过程	5	1. 拆卸哈廷头、滑环支架及滑环固定螺栓，拆卸过程2人配合，一人拆卸一人手扶滑环，避免滑环受力不均匀而损坏，扣3分；			

续表

序号	项目	考核要点	配分	评分标准	得分	扣分	备注
2.3	拆卸滑环	拆卸滑环过程	5	2. 滑环应放置在地势平稳处，底下用抹布铺垫；二人配合不佳，扣 2 分			
2.4	清理滑环外部的灰尘	清理滑环外部的灰尘，避免有杂物落入滑环内部	4	1. 打开滑环前，将滑环外部的灰尘、油污清理干净，扣 2 分； 2. 查看是否有杂物落入滑环内部，扣 2 分			
2.5	滑环清洗	滑环清洗顺序及方法	30	1. 用内六角扳手打开滑环外罩，扣 2 分； 2. 将加热器板移开，去除导线固定扎带，用六角扳手将加热器板的 2 个螺栓松开，线缆放置一侧，留出清洗空间，扣 4 分（应注意：切勿蛮力拉扯加热器，以免将加热器的电缆损坏）； 3. 将滑环环体及弹簧刷用滑环专用清洗剂喷洒覆盖，清洗过程中应一直保持刷丝及环体的湿润性，并确保杂物及灰尘不会落入到环体上，扣 4 分； 4. 用毛刷轻轻刷洗刷丝，将刷丝与环体之间的杂物清理干净，扣 3 分； 5. 用滑环清洗剂将刷丝冲刷干净，保持环体湿润状态，扣 2 分； 6. 清洗滑道，同时旋转环体（注意滑环摆放体位，以利于污物排出），扣 5 分； 7. 每清理 3~5 个滑道后，持续使用滑环专用清洗机喷洒、冲洗，扣 2 分； 8. 清理过程中至少保证滑道旋转 3~4 周（清洗过程中注意滑道及刷针的颜色变化，过热会产生蓝变），扣 3 分； 9. 清洗过程中，应对滑环的密封件、接线端子、滑道与刷丝的磨损情况仔细检查，确定滑环各部件状态完好，扣 5 分			

续表

序号	项目	考核要点	配分	评分标准	得分	扣分	备注
2.6	滑环烘干及润滑	烘干和润滑事项	10	1. 滑环清洗完毕后，需用热风枪将滑环内部烘干（应注意热风枪的温度不要过热，避免损坏电缆或其他部件，注意务必保障滑环清洗剂被彻底烘干，避免带电后短路），扣5分； 2. 烘干后，应用滑环专用润滑油对环道进行润滑，每列滑道滴1~2滴即可，扣3分； 3. 润滑完毕后应旋转数周，保证润滑油附着均匀，扣2分			
2.7	滑环紧固及回装	紧固及回装顺序	10	1. 恢复线缆并固定，扣2分； 2. 安装加热器板，安装壳罩，扣2分； 3. 检查并更换密封圈，扣2分； 4. 螺丝应对角紧固，并用记号笔标记，扣2分； 5. 回装滑环、支架及哈廷头（回装过程2人配合，一人拆卸一人手扶滑环，避免滑环受力不均匀而损坏），扣2分			
2.8	上电检查	施工工艺、质量满足要求	5	使用电气滑环综合教具，进行滑环清洗结果试验，不导通，扣5分			
3	工作终结验收						
3.1	安全文明生产	汇报结束前，所选工器具放回原位，摆放整齐；无损坏原件、工具；恢复现场；无不安全行为	5	1. 出现不安全行为，每次扣1分； 2. 作业完毕，现场未清理恢复，扣2分；不彻底，扣1分； 3. 损坏工器具，扣2分			
合计得分							

否定项说明：（1）违反中国华能集团公司《电力安全作业规程》（2020年版）；

（2）违反考场纪律；

（3）造成设备重大损坏；

（4）发生人身伤害事故

考试人员：　　　　　　　　考评员：　　　　　　　　年　月　日

第十五章　叶片更换

第一节　叶片更换操作技能任务书

一、安全要求

（一）基本要求

正确使用安全工器具，不发生人身伤害和设备损坏事故。

（二）风险点分析

（1）人身伤害。

（2）机械伤害。

（3）工器具伤害。

（4）设备损坏。

（三）安全措施

（1）专责监护人应履行监护责任，不得兼做其他工作，要选择便于监护的位置，监护的范围不得超过一个作业点。

（2）作业人员应听从工作负责人指挥。

（3）作业过程中，作业人员应始终穿戴防护用具。

（四）考核要求

1.工作准备

正确选择工具及器材；正确合理着装；不发生人身伤害和设备损坏事故。

2.作业过程

（1）拆解阶段。

1）风轮拆卸。

2）叶片拆卸。

（2）回装阶段。

1）叶片回装。

2）风轮回装。

（3）调试阶段。

1）变桨系统调试。

2）部分功能调试。

（4）试运阶段。

1）运行状态检查。

2）运行数据比对分析。

3.否定项说明

（1）违反中国华能集团公司《电力安全作业规程》（2020年版）。

（2）违反考场纪律。

（3）造成设备重大损坏。

（4）发生人身伤害事故。

二、实训作业指导书

（一）培训目标

通过专业理论学习和技能操作训练，使学员熟练掌握更换风机叶片的方法。

（二）任务描述

（1）掌握叶片拆解阶段、回装阶段、调试阶段、试运阶段的检修过程及控制要点。

（2）对工器具进行外观检查；材料工具选择符合要求；正确使用工器具；无不安全现象发生；验收工作正确、完整。

（三）培训对象

风电场检修作业人员。

（四）培训方式及时间

1.培训方式

教师现场讲解、示范，学员技能操作训练，培训结束后进行理论考核与实操测试。

2.培训时间

表 15–1 培训学时

项目	时间
叶片专业知识	2 学时
更换叶片作业流程	4 学时
操作讲解、示范	4 学时
操作训练	14 学时
操作测试	8 学时
合计	32 学时

（五）培训参考教材与规程

（1）中国华能集团公司《风力发电场检修与维护技术导则》（Q/ HN–1–0000.08.014—2014）。

（2）中国华能集团公司《电力安全作业规程》（2020年版）。

（六）场地准备

（1）培训场所：风电场。

（2）培训工具及设备材料准备。

表 15-2　　安全工器具及材料清单

序号	名称	规格型号	数量	单位	备注
1	起重器	600t	1	辆	
2	副起重器	400t	1	辆	
3	运输车		1	辆	运输起重器附件
4	液压泵站		2	个	
5	超高压电动 液压拉伸器泵		2	个	
6	液压扳手专用 电动泵连接油管		2	个	
7	拉伸器 超高压油管		2	个	
8	液压扳手		2	个	
9	拉伸器		2	个	
10	中空液压扳手 插件		2	个	
11	中空液压扳手 驱动头		2	个	
12	吊带		8	个	
13	卸扣		4	个	
14	缆风绳		8	个	
15	地锚		3	个	
16	杆		1	个	
17	叶尖护套		2	个	
18	电动盘车扳手		1	个	
19	盘车用小齿轮		1	个	
20	安全帽		1	个	
21	安全带		1	个	

（七）操作步骤

1.准备工作

风力发电机组

2.操作步骤

（1）开工准备。

1）现场复勘。

2）召开班前会。

3）布置工作现场、检查工器具。

（2）作业步骤。

1）验电。

2）风机停机。

3.工作结束

（1）将现场所有工器具放回原位，摆放整齐。

（2）清理工作现场，离场。

（八）考核知识点

1.拆解阶段

（1）风速超过8m/s时，不应进行吊装工作。

（2）风轮拆解前必须安装叶片锁。

（3）揽风绳与叶片固定时必须做好防护，防止叶片后缘损坏。

（4）检查叶片螺栓螺纹清洁度以及是否损坏。

（5）拆下的滑环和螺栓等必须妥善保管。

（6）风轮在地面时水平放置，且固定牢固。

（7）检查叶片外观，表面裂纹、磨损、开裂等情况。

（8）疏通叶片排水孔。

2.回装阶段

（1）风速超过8m/s时，不应进行吊装工作。

（2）风轮吊装前必须安装叶片锁。

（3）叶片安装时必须零刻度对应。

（4）揽风绳与叶片固定时必须做好防护措施，防止叶片后缘损坏。

（5）风轮在地面时，必须尽可能多的紧固叶片螺栓至指定力矩。

（6）螺栓喷涂润滑剂，润滑螺纹和螺母表面。

（7）所有螺栓紧固力矩满足厂家相关要求。

（8）检查滑环安装紧固。

（9）检查变桨系统接线连接正确、可靠。

（10）回装完成，必须锁上风轮锁。

3.调试阶段

（1）重新校正叶片零度。

（2）限位开关功能测试。

（3）变桨系统通信测试。

（4）手动自动变桨功能测试。

4.试运阶段

（1）应确认无任何变桨报警信号。

（2）观察风轮是否有振动和异响。

（3）应跟踪观察叶片修复位置情况，做好记录。

（4）跟踪记录风机发电情况，对比风机功率曲线。

第二节　叶片更换操作技能考核评分标准

表 15-3　　叶片更换操作技能考评评分记录表

序号	项目	考核要点	配分	评分标准	得分	扣分	备注
1	工作准备						
1.1	着装穿戴	1.穿工作服、绝缘鞋； 2.戴安全帽、口罩、手套	5	1.未穿工作服、绝缘鞋，未戴安全帽、线手套，每缺少一项扣1分； 2.着装穿戴不规范，每处扣1分			
1.2	现场复勘	核对现场机位号与设备双重名称。 检查装置的作业条件	4	出现以下任何一项，扣1分： 1.未口述现场机位号与设备双重名称； 2.没有检查叶片质量动作； 3.没有检查风速； 4.有补充安全措施栏，没有补充措施的未在相应栏填写“无”			
1.3	工器具、材料检查	工器具、材料准备	4	培训工具未准备齐全，液压泵站、超高压电动液压拉伸器泵、液压扳手、专用电动泵、连接油管、拉伸器超高压油管、液压扳手、拉伸器、中空液压扳手插件、中空液压扳手驱动头、吊带、卸扣、缆			

续表

序号	项目	考核要点	配分	评分标准	得分	扣分	备注
1.3	工器具、材料检查	工器具、材料准备	4	风绳、地锚、叶尖护套、电动盘车扳手，落下一项扣1分			
		工器具、材料放置规范	2	出现以下任何一项，扣1分： 1. 工器具未分区放置； 2. 备件未安全放置			
		安全带要求	3	出现以下任何一项，扣1分： 1. 未使用全方位安全带； 2. 安全带外观明显磨损现象或者绳索、编带有断裂、断股、扭结； 3. 未对安全带做冲击试验，冲击试验方法不正确［保险带（绳）、卡环冲击试验中没有受力］			
		材料检查	2	出现以下任何一项，扣2分： 1. 编码器有损伤； 2. 编码器规格型号与要求不一致			
2	工作过程						
2.1	正确使用个人安全用具	个人安全用具使用规范	2	未按要求扣紧袖口，发辫要放在帽内，防止衣服被转动部分挂住，扣2分			
2.2	验电、断电	验电、断电顺序及方法	4	1. 未按顺序断电、验电，扣2分； 2. 遗漏验电的内容，每项内容扣2分（绝缘导线视为带电体）			
2.3	拆卸阶段	1. 风轮拆卸； 2. 叶片拆卸	20	1. 风速超过8m/s时，不应进行吊装工作，吊装前未查看风度是否满足吊装要求，扣2分； 2. 风轮拆解前未安装叶片锁，扣3分 3. 揽风绳与叶片固定时未做好防护，造成叶片剐蹭，扣2分；			

续表

序号	项目	考核要点	配分	评分标准	得分	扣分	备注
2.3	拆卸阶段	1. 风轮拆卸； 2. 叶片拆卸	20	4. 未检查叶片螺栓螺纹清洁度以及是否损坏的，扣2分； 5. 拆下的滑环和螺栓等未妥善保管，随意堆放，扣2分； 6. 风轮在地面时水平放置，固定不牢固的，扣2分； 7. 未检查叶片外观，表面裂纹、磨损、开裂等情况，扣3分； 8. 未检查和疏通叶片排水孔，扣4分			
	回装阶段	1. 叶片回装； 2. 风轮回装	24	1. 风速超过8m/s时，不应进行吊装工作，吊装前未查看风度是否满足吊装要求，扣2分； 2. 风轮吊装前未安装叶片锁，扣2分； 3. 叶片安装时未开展零刻度校对，扣2分； 4. 揽风绳与叶片固定时未做好防护措施，造成叶片剐蹭，扣2分； 5. 风轮在地面时，紧固叶片螺栓多数未达到指定力矩值，扣2分； 6. 未开展螺栓喷涂润滑剂，扣2分，未喷涂到润滑螺纹和螺母表面，扣2分； 7. 所有螺栓紧固力矩未满足厂家相关要求，扣3分； 8. 未检查滑环安装是否紧固，扣2分； 9. 未检查变桨系统接线连接正确、可靠，扣2分； 10. 回装完成，未锁上风轮锁，扣3分			

续表

序号	项目	考核要点	配分	评分标准	得分	扣分	备注
2.3	调试阶段	1. 变更系统调试； 2. 部分功能测试	16	1. 未重新校正叶片零度，扣 4 分； 2. 未开展限位开关功能测试，扣 4 分； 3. 未开展变桨系统通信测试，扣 4 分； 4. 未开展手动自动变桨功能测试，扣 4 分			
	试运阶段	1. 运行状态检查； 2. 运行数据比对分析	10	1. 未确认有无变桨报警信号，扣 2 分； 2. 未观察风轮是否有振动和异响，扣 2 分； 3. 未对应叶片修复位置情况，作好记录，扣 4 分； 4. 未跟踪记录风机发电情况，未对比风机功率曲线扣 2 分			
3	工作终结验收						
3.1	安全文明生产	汇报结束前，所选工器具放回原位，摆放整齐；无损坏原件、工具；恢复现场；无不安全行为	4	1. 出现不安全行为，每次扣 1 分； 2. 作业完毕，现场未清理恢复，扣 2 分，不彻底，扣 1 分； 3. 损坏工器具，每件扣 1 分			
合计得分							

否定项说明：（1）违反中国华能集团公司《电力安全作业规程》（2020 年版）；
（2）违反考场纪律；
（3）造成设备重大损坏；
（4）发生人身伤害事故

考试人员：　　　　　　考评员：　　　　　　年　月　日

第十六章　光纤熔接

第一节　光纤熔接操作技能任务书

一、安全要求

（一）基本要求

正确使用安全工器具，不发生人身伤害和设备损坏事故。

（二）风险点分析

（1）工器具伤害。

（2）设备损坏。

（三）安全措施

（1）专责监护人应履行监护责任，不得兼做其他工作，要选择便于监护的位置，监护的范围不得超过一个作业点。

（2）作业人员应听从工作负责人指挥。

（3）作业过程中，作业人员应始终穿戴防护用具。

（四）考核要求

1.工作准备

准备所需单模8芯或12芯光缆30m，准备所需的光纤熔接机、切割刀、光功率计等工具及辅料。正确选择工具及器材；正确合理着装；不发生人身伤害和设备损坏事故。

2.作业过程

（1）按要求进行工器具及耗材准备及检查工作，操作时由两人进行。

（2）打开光纤接头盒开剥光缆，了解组成结构，识别光缆的纤序和光缆的A、B端。

（3）打开光缆缆芯，将加强芯固定在接头盒的加强芯固定座上，接头盒进缆孔处的光缆包一层密封胶带。

（4）将光缆芯线进行纤序编制。

（5）端面制备：清洁光纤涂覆层，套光纤热缩管，去除涂覆层和清洁裸纤，光纤端面切割。

（6）将对应纤序的光纤进行熔接，进行熔接损耗估算，如合格则将热缩套管滑至熔接处的中心并加热。

（7）盘纤，然后将接头盒盖上并固定。

3.否定项说明

（1）违反中国华能集团公司《电力安全作业规程》（2020年版）。

（2）违反考场纪律。

（3）造成设备重大损坏。

（4）发生人身伤害事故。

二、实训作业指导书

（一）培训目标

通过光纤熔接工具功能和使用方法的学习和技能操作训练，使学员熟练掌握光纤熔接的流程及注意事项。

（二）任务描述

（1）熟悉光纤熔接工具的功能和使用方法。

（2）熟悉光缆的开剥及光纤端面制作。

（3）掌握光纤熔接技术。

（4）学会使用光纤熔接机熔接光纤。

（5）对工器具进行外观检查；材料工具选择符合要求；正确使用工器具；无不安全现象发生；验收工作正确、完整。

（三）培训对象

风电场检修作业人员。

（四）培训方式及时间

1.培训方式

教师现场讲解、示范，学员技能操作训练，培训结束后进行理论考核与实操测试。

2.培训时间

表 16-1　　培训学时

项目	时间
光纤熔接工具的功能和使用方法	1学时
光缆的开剥及光纤端面制作	1学时
熔接操作讲解、示范	1学时
分组操作训练	8学时
操作测试	1学时
合计	12学时

（五）培训参考教材与规程

（1）中国华能集团有限公司:《电力安全作业规程》（2020年版）。

（2）光纤熔接作业指导手册。

（六）场地准备

（1）培训场所：实训室。

（2）培训工具及设备材料准备。

表 16-2　　安全工器具及材料清单

序号	名称	规格型号	数量	单位	备注
1	光纤熔接机		1	套	
2	光纤切割刀		1	套	
3	光纤米勒钳		1	把	
4	偏口钳		1	把	
5	电工刀		1	把	
6	酒精布（棉）		5	盒	
7	热缩管		100	个	
8	光缆终端盒		1	套	
9	光功率计		1	套	
10	光缆		30	米	
11	螺丝刀	一字	1	把	
12	螺丝刀	十字	1	把	

（七）操作步骤

1.准备工作

实训室。

2.操作步骤

（1）开工准备。

1）现场复勘。

2）召开班前会。

3）布置工作现场、检查工器具。

（2）作业步骤。

光纤熔接操作分为剥、切、熔、盘4个步骤：

1）剥光纤：包括光缆、尾纤、涂覆层等开剥。详细操作步骤如下：

A.轻轻按住熔纤机开关机键，开机指示灯亮后松手；

B.在确认热缩套管内无脏物后，将光纤穿入热缩套管；

C.用米勒钳剥除光纤涂覆层，长度4cm。

2）切光纤：指的是用光纤切割刀将光纤切割整齐，便于熔接。详细操作步骤如下：

A.用酒精棉清洁光纤表面3次（可降低光纤损耗），达到无附着物状态；

B.将干净的光纤放入切割刀的导向槽，涂覆层的前端对齐切割刀刻度尺16mm到12mm之间的位置。

3）熔光纤：将切割好的光纤放入光纤熔接机进行对熔，后热缩管加热保护。详细操作步骤如下：

A.将切割好的两根光纤分别放入熔接机的夹具内。安放时不要碰到光纤端面，并保持光纤端面在电极棒和V型槽之间；

B.盖上防风罩，开始熔接；

C.掀开防风罩，依次打开左右夹具压板，取出光纤；

D.然后将热缩套管移动到熔接点，并确保热缩套管两端包住光纤涂覆层；

E.将套上热缩套管的光纤放入加热器内，然后盖上加热器盖板，同时加热指示灯点亮，机器将自动开始加热热缩套管；

F.当加热指示灯熄灭，热缩完成。掀开加热器盖板，取出光纤，放入冷却托盘。

4）盘光纤（可降低光纤损耗）：将熔接好的光纤盘入光纤熔接盘，进行保护。科学的盘纤方法，可使光纤布局合理、附加损耗小、经得住时间和恶劣环境的考验，可避免挤压造成的断纤现象。盘纤的方法如下：

A.先中间后两边，即先将热缩后的套管逐个放置于固定槽中，然后再处理两侧余纤。优点是有利于保护光纤接点，避免盘纤可能造成的损害。在光纤预留盘空间小，光纤不易盘绕和固定时，常用此种方法；

B.从一端开始盘纤，即从一侧的光纤盘起，固定热缩管，然后再处理另一侧余纤；优点是可根据一侧余纤长度灵活选择热缩套管位置，方便、快捷，可避免出现急弯、小圈现象；

C.特殊情况的处理，如个别光纤过长或过短时，可将其放在最后单独盘绕；带有特殊光器件时，可将其另盘处理，若与普通光纤共盘时，应将其轻置于普通光纤之上，两者之间加缓冲衬垫，以防挤压造成断纤，且特殊光器件尾纤不可太长。

3.工作结束

（1）将现场所有工器具放回原位，摆放整齐。

（2）清理工作现场，离场。

（八）考核知识点

（1）光纤熔接工具的功能和使用方法。

（2）光缆的开剥及光纤端面制作。

（3）光纤熔接技术。

（4）光纤熔接机熔接光纤。

第二节　光纤熔接操作技能考核评分标准

表 16–3　　光纤熔接操作技能考评评分记录表

序号	项目	考核要点	配分	评分标准	得分	扣分	备注
1	工作准备						
1.1	着装穿戴	1. 穿工作服、绝缘鞋； 2. 戴安全帽、手套	5	1. 未穿工作服、绝缘鞋，未戴安全帽、线手套，每缺少一项扣 1 分； 2. 着装穿戴不规范，每处扣 1 分			
1.2	现场复勘	核对现场风机和杆塔号与设备双重名称。 检查装置的作业条件	2	出现以下任何一项，扣 1 分： 1. 未口述现场风机与杆塔号与设备双重名称，扣 1 分； 2. 没有检查天气情况、现场风速等； 3. 有补充安全措施栏，没有补充措施的未在相应栏 填写“无”			
1.3	工器具、材料检查	工器具、材料准备	5	培训工具未准备齐全，光纤、熔接机、光纤切割刀、光纤米勒钳、偏口钳、电工刀、酒精布（棉）、热缩管、光缆终端盒、光功率计、光缆、一字螺丝刀、十字螺丝刀，落下一项扣 1 分			
		工器具、材料放置规范	2	出现以下任何一项，扣 1 分： 1. 工器具未分区放置； 2. 备件未安全放置			
		安全防护及工器具要求	4	出现以下任何一项，扣 1 分： 1. 未使用登杆作业安全带； 2. 安全带外观明显磨损现象或者绳索、编带有断裂、断股、扭结； 3. 安全使用双背钩； 4. 脚扣检查无变形及裂纹；未对验电器进行试验			

续表

序号	项目	考核要点	配分	评分标准	得分	扣分	备注
1.3	工器具、材料检查	材料检查	2	出现以下任何一项，扣1分： 1. 所使用光缆外观有破损； 2. 光缆规格型号与要求不一致			
2	工作过程						
2.1	正确使用个人安全用具	个人安全用具使用规范	2	未正确佩戴使用劳动防护用品，扣2分			
2.2	光缆、光纤剥离	光纤剥离步骤及方法	20	开剥光缆： 1. 用电工刀将光缆外保护层剥离，长度约100~125cm，不能损伤内部光纤，扣5分； 2. 用酒精棉逐根清洁光纤表面3次（可降低光纤损耗），达到无附着物状态，扣2分； 3. 将钢芯预留8cm，将其余部分及填充物剪掉，扣3分； 4. 用光纤剥线剪剥离光纤外保护层，将尾纤内绝缘层与外保护层之间长度保留至少20cm，并用酒精布擦拭干净，扣5分； 5. 用米勒钳剥除光纤的绝缘涂覆层以及清洁光纤，光纤剥离长度约4~5cm将光纤悬空防止与其他物件擦碰，扣5分			
2.3	光纤切割	光纤切割步骤及方法	12	切割光纤： 1. 将清洁完成的光纤分别穿过热缩管，扣2分； 2. 将干净的光纤放入切割刀的导向槽，涂覆层的前端对齐切割刀刻度尺16mm到12mm之间的位置，扣3分； 3. 使用切割刀进行光纤端面的切割处理时确认涂覆层没有放在橡胶垫上面，切割后光纤裸光纤剩余长度约1cm，扣3分；			

续表

序号	项目	考核要点	配分	评分标准	得分	扣分	备注
2.3	光纤切割	光纤切割步骤及方法	12	4. 光纤端面与光纤中心轴垂直平整，不允许有毛刺、缺损和倾斜，扣 4 分			
2.4	光纤熔接	光纤熔接步骤及注意事项	8	熔接光纤： 1. 勿将光纤顶端和 V 型槽或电极接触，扣 1 分； 2. 光纤端面放置 V 型槽端面直线与电极棒中心直线中间 1/2 的位置，扣 3 分； 3. 检查两侧光纤颜色或序号是否对应，扣 2 分； 4. 放好光纤压板，防下压脚（另一侧同），盖上防风盖，扣 2 分			
			18	接续光纤： 1. 融接操作时应通过屏幕确认放电状态，熔接模式选择自动模式，扣 2 分； 2. 放电时注意 OTDR 跟踪监测结果，并解读界面提示信息，扣 5 分； 3. 光纤断面异常，有异物或切割不齐，扣 3 分； 4. 光纤断面距离过近或过远，扣 3 分； 5. 及时分析产生上述不良现象的原因，并采取相应的改进措施，扣 5 分			
		光纤盘入步骤及注意事项	15	盘入光纤： 1. 光纤熔接后提示有气泡，扣 2 分； 2. 光纤熔接后断裂，扣 5 分； 3. 光纤保护管加热时放置加热装置中心，确认熔接后熔接点在热缩套管的中心，扣 3 分； 4. 盘纤先中间后两边，即先将热缩后的套管逐个放入固定槽中然后再处理两侧余纤，盘纤后槽内应布局合理，扣 3 分；			

续表

序号	项目	考核要点	配分	评分标准	得分	扣分	备注
2.4	光纤熔接	光纤盘入步骤及注意事项	15	5. 固定加强芯、做防水处理并封盖，扣 2 分			
			2	特殊情况的处理，如个别光纤过长或过短时，可将其放在最后单独盘绕；带有特殊光器件时，可将其另盘处理，若与普通光纤共盘时，应将其轻置于普通光纤之上，两者之间加缓冲衬垫，以防挤压造成断纤，且特殊光器件尾纤不可太长，扣 2 分			
2.5	光纤熔接测试	熔接后技术要求	5	光衰检测：使用光纤熔接机自带检测设备或光功率计进行光衰检测，光纤衰减率不大于 0.08db，扣 5 分			
3	工作终结验收						
3.1	安全文明生产	汇报结束前，所选工器具放回原位，摆放整齐；无损坏原件、工具；恢复现场；无不安全行为	5	1. 出现不安全行为，每次扣 2 分； 2. 作业完毕，现场未清理恢复，扣 2 分；不彻底，扣 1 分； 3. 损坏工器具，每件扣 1 分			
		合计得分					

否定项说明：（1）违反中国华能集团公司《电力安全作业规程》；

（2）违反考场纪律；

（3）造成设备重大损坏；

（4）发生人身伤害事故

考试人员：　　　　　　　　　　考评员：　　　　　　　　　　年　月　日

第十七章　跌落保险熔丝更换

第一节　跌落保险熔丝更换操作技能任务书

一、安全要求

（一）基本要求

正确使用安全工器具，不发生人身伤害和设备损坏事故。

（二）风险点分析

（1）触电、高空坠落。

（2）物体打击、人身伤害。

（3）工器具伤害。

（4）设备损坏。

（三）安全措施

（1）专责监护人应履行监护责任，不得兼做其他工作，要选择便于监护的位置，监护的范围不得超过一个作业点。

（2）作业人员应听从工作负责人指挥。

（3）作业过程中，作业人员应始终穿戴防护用具。

（四）考核要求

1.工作准备

了解更换跌落式熔断器的负荷情况、熔断器及其熔丝的选择应满足被保护变压器的要求。根据更换后设备的尺寸，确定跌落式熔断器支架等材料。正确选择工具及器材；正确合理着装；不发生人身伤害和设备损坏事故。

2.作业过程

（1）按要求进行工器具及耗材、备件外观检查。

（2）操作时由两人进行（一人监护，一人操作），但必须戴经试验合格的绝缘手套，穿绝缘靴、戴护目眼镜，使用电压等级相匹配的合格绝缘棒操作，在雷电或者大雨的气候下禁止操作。

（3）熔丝应安放于熔管中间偏上的位置，并将两端拧紧，并使熔丝应安放于熔管中间偏上的位置。

（4）熔丝两端的连接导线分别与上下动触头的螺丝拧紧，熔丝预留的长度禁止塞入熔管中，以免影响产气效果和灭弧。熔管上下动触头的间距应调节适当，要求合闸后鸭嘴舌头能扣住触头长度的三分之二以上，使动静触头之间产生良好的接触压力，既方便合闸操作又不容易（非熔丝熔断）发生自行跌落的误动作。

（5）将安装好的熔管挂在熔断器下静触头的支架上，并将跌落式熔断器外绝缘擦拭干净。

3.否定项说明

（1）违反中国华能集团公司《电力安全作业规程》（2020年版）。

（2）违反考场纪律。

（3）造成设备重大损坏。

（4）发生人身伤害事故。

二、实训作业指导书

（一）培训目标

通过专业理论学习和技能操作训练，使学员熟练掌握更换跌落保险熔丝的方法。

（二）任务描述

（1）对跌落保险熔丝进行更换。

（2）对工器具进行外观检查；材料工具选择符合要求；正确使用工器具；无不安全现象发生；验收工作正确、完整。

（三）培训对象

风电场检修作业人员。

（四）培训方式及时间

1.培训方式

教师现场讲解、示范，学员技能操作训练，培训结束后进行理论考核与实操测试。

2.培训时间

表 17–1　　培训学时

项目	时间
跌落保险专业知识	1 学时
更换跌落保险熔丝作业流程	1 学时
操作讲解、示范	1 学时
分组操作训练	12 学时
操作测试	1 学时
合计	16 学时

（五）培训参考教材与规程

（1）中国华能集团有限公司《电力安全作业规程》（2020年版）。

（2）检修作业指导手册。

（六）场地准备

（1）培训场所：风电场。

（2）培训工具及设备材料准备。

表 17-2　安全工器具及材料清单

序号	名称	规格型号	数量	单位	备注
1	绝缘手套		1	套	
2	绝缘杆		1	套	
3	接地线		1	套	
4	验电器		1	套	
5	电工钳		1	把	
6	扳手		2	把	
7	螺丝刀		1	把	
8	安全带		1	套	
9	安全帽		1	顶	
10	脚扣		1	套	
11	断线器		1	套	

（七）操作步骤

1.准备工作

集电线路。

2.操作步骤

（1）开工准备。

1）现场复勘。

2）召开班前会。

3）布置工作现场、检查工器具。

（2）作业步骤。

1）验电。

2）风机停机。

3）箱式变压器断电。

3.工作结束

（1）将现场所有工器具放回原位，摆放整齐。

（2）清理工作现场，离场。

（八）考核知识点及作业流程

（1）现场复勘。

（2）执行工作许可制度。
（3）召开班前会。
（4）布置工作现场。
（5）检查工器具。
（6）工作验收。
（7）撤离并清理现场。
（8）工作结束。

第二节 跌落保险熔丝更换操作技能考核评分标准

表 17-3 更换跌落保险熔丝操作技能考评评分记录表

序号	项目	考核要点	配分	评分标准	得分	扣分	备注
1	工作准备						
1.1	着装穿戴	1. 穿工作服、绝缘鞋； 2. 戴安全帽、口罩、手套	5	1. 未穿工作服、绝缘鞋，未戴安全帽、线手套，每缺少一项扣 1 分； 2. 着装穿戴不规范，每处扣 1 分			
1.2	现场复勘	核对现场箱式变压器号与设备双重名称。 检查装置作业条件	3	出现以下任何一项，扣 1 分： 1. 未口述现场箱式变压器号与设备双重名称； 2. 没有检查天气情况、现场风速等； 3. 有补充安全措施栏，没有补充措施的未在相应栏填写“无”			
1.3	工器具、材料检查	工器具、材料准备	5	培训工具未准备齐全，电工钳、扳手、螺丝刀、脚扣、断线器，落下一项扣 1 分			
		工器具、材料放置规范	2	出现以下任何一项，扣 1 分： 1. 工器具未分区放置； 2. 备件未安全放置			
		安全防护及工器具要求	4	出现以下任何一项，扣 1 分： 1. 未使用登杆作业安全带；			

续表

序号	项目	考核要点	配分	评分标准	得分	扣分	备注
1.3	工器具、材料检查	安全防护及工器具要求	4	2. 安全带外观明显磨损现象或者绳索、编带有断裂、断股、扭结； 3. 安全使用双背钩； 4. 脚扣检查无变形及裂纹；未对验电器进行试验			
		材料检查	2	出现以下任何一项，扣1分： 1. 熔丝外观有散股、断股； 2. 熔丝规格型号与要求不一致			
2	工作过程						
2.1	正确使用个人安全用具	个人安全用具使用规范	5	1. 未正确佩戴安全带、安全帽，扣3分； 2. 未按要求对脚扣进行检查，调整脚扣绊带，扣2分			
2.2	停电、送电	停电、送电顺序及方法	10	拉开三相跌落式熔断器： 1. 操作人员在操作时穿绝缘靴，戴绝缘手套，使用电压等级合适且合格的绝缘拉杆，扣2分； 2. 操作前，应将风机停机并将变压器低压侧的开关全部断开，扣3分； 3. 拉合熔断器要遵循：拉闸时，先拉开中间相，再拉背风相，最后拉迎风相；合闸操作顺序与拉闸顺序相反，拉、合闸时动作要准确，迅速、果断。未按顺序停电、验电，扣5分			
2.3	验电、装拆接地线	验电、装拆接地线方法	10	1. 登杆验电、装设接地线：上、下杆塔动作规范，速度均匀，防止脚底打滑；验电时戴好绝缘手套，验电位置应保持对验电线路不小于1m的安全距离，扣5分；			

续表

序号	项目	考核要点	配分	评分标准	得分	扣分	备注
2.3	验电、装拆接地线	验电、装拆接地线方法	10	2. 装设接地线作业时必须使用安全带，禁止低挂高用（先接接地端，后挂导线端，拆除地线应先拆导线端，后拆接地端）接地线应连接可靠，不得缠绕，扣5分			
2.4	更换熔丝	拆除、安装熔断器步骤及方法	10	拆除、安装熔断器： 1. 工作人员携带吊物绳上杆，到合适位置，系好安全带后将吊物绳挂在合适位置后进行拆装工作，扣5分； 2. 杆上作业人员使用的工具、材料等应使用绳索传递，不得抛掷，工具及材料应绑扎牢靠，扣3分； 3. 地面配合人员不得站在杆上作业人员正下方，防止高空落物，扣2分			
		熔丝更换	20	1. 熔丝应安放于熔管中间偏上的位置，并将两端拧紧，并使熔丝应安放于熔管中间偏上的位置，扣5分； 2. 熔丝两端的连接导线分别与上下动触头的螺丝拧紧，熔丝预留的长度禁止塞入熔管中，以免影响产气效果和灭弧，扣5分； 3. 熔管上下动触头的间距应调节适当，要求合闸后鸭嘴舌头能扣住触头长度的三分之二以上，使动静触头之间产生良好的接触压力，既方便合闸操作又不容易（非熔丝熔断）发生自行跌落的误动作，扣5分； 4. 将安装好的熔管挂在熔断器下静触头的支架上，并将跌落式熔断器外绝缘擦拭干净，扣5分			

续表

序号	项目	考核要点	配分	评分标准	得分	扣分	备注
2.4	更换熔丝	施工工艺、质量满足要求	10	熔断器检测修理： 1. 熔丝不应有断股现象，熔丝管不应有吸潮膨胀、弯曲现象，扣3分； 2. 熔丝管上下触头的中心线与熔丝管轴线应在同一平面内，熔断器分、合操作应灵活、可靠、接触紧密，扣5分； 3. 上下触头应有一定的压缩行程，扣2分			
2.5	跌落式熔断器的安装	安装过程及要求	10	跌落式熔断器的安装： 1. 安装时应将熔体拉紧，熔管也不可顶死鸭嘴，以防止熔体熔断后熔管不能及时跌落，熔断器安装在横担（构架）上应牢固可靠，不能有任何的晃动或摇晃现象，扣5分； 2. 熔管应有向下25°±2°的倾角，以利熔体熔断时熔管能依靠自身重量迅速跌落，若熔断器安装在配电变压器上方，应与配电变压器的最外轮廓边界保持0.5m以上的水平距离，以防万一熔管掉落引发其他事故，扣5分			
3	工作终结验收						
3.1	安全文明生产	汇报结束前，所选工器具放回原位，摆放整齐；无损坏原件、工具；恢复现场；无不安全行为	5	1. 出现不安全行为，每次扣2分； 2. 作业完毕，现场未清理恢复，扣2分；不彻底，扣1分； 3. 损坏工器具，每件扣1分			
合计得分							

续表

序号	项目	考核要点	配分	评分标准	得分	扣分	备注
否定项说明：（1）违反中国华能集团公司《电力安全作业规程》（2020 年版）； （2）违反考场纪律； （3）造成设备重大损坏； （4）发生人身伤害事故							

考试人员：　　　　　　　　　　考评员：　　　　　　　　　　年　月　日

第十八章　电控接线

第一节　电控接线操作技能任务书

一、安全要求

（一）基本要求

在完成任务的全过程中，严格遵守电气安装和电气维修的安全操作规程，正确使用安全工器具，不发生人身伤害和设备损坏事故。

（二）风险点分析

（1）人身伤害。

（2）工器具及机械伤害。

（3）设备损坏。

（三）注意事项

（1）装接电路应遵循“先主后控、从上到下、从左到右”的原则。

（2）布线应注意走线工艺，要求：横平竖直，变换走向应垂直、避免交叉，多线集中并拢，布线时，严禁损伤线芯和导线绝缘。

（3）导线与接线端子或线桩连接时，应不压绝缘层、不反圈及不露线芯过长，并做到同一元件、同一回路的不同接点的导线间距离保持一致，每个接线端连线不得超过2根导线，按钮要求出线最少。

（4）实训中要文明操作，注意用电安全，需要通电时应在实训教师指导下进行。

（四）考核要求

1.工作准备

正确选择工具及器材；正确合理着装；不发生人身伤害、机械伤害和设备损坏事故。

2.作业过程

（1）拆装方法正确，无零件损坏、丢失、漏装。

（2）剥削导线绝缘方法正确，不损伤线芯。

（3）连接牢固、整齐、规范。

（4）包缠方法正确，叠压严密。

3.工作终结验收结束

（1）通电检查达到质量要求，安全文明操作。

（2）将现场所有工器具放回原位，摆放整齐。

（3）清理工作现场，离场。

4.否定项说明

（1）违反中国华能集团公司《电力安全作业规程》（2020年版）。

（2）违反考场纪律。

（3）造成设备重大损坏。

（4）发生人身伤害事故。

二、实训作业指导书

（一）培训目标

（1）通过接线技能操作训练，使学员熟练掌握电工识图、电工基础、电子技术相关知识。

（2）了解电工操作的各项规定。

（3）了解通用电工工具的用途、规格，掌握好合理使用方法。

（4）掌握导线的选择方法；掌握导线绝缘层的剥削方法；掌握常用导线的连接方法。

（二）任务描述

根据提供的电气控制原理图，完成控制电路的连接、相关元件的参数设置，并按照电气控制说明书调试该设备的电气控制系统，使其达到控制要求。

（三）培训对象

风电机组检修维护人员。

（四）培训方式及时间

1.培训方式

教师现场讲解、示范，学员技能操作训练，培训结束后进行技能测试。

2.培训时间

表 18–1　　培训学时

项目	时间
电工识图、电工基础	4 学时
电控接线作业流程	2 学时
操作讲解、示范	1 学时
分组操作训练	16 学时
技能测试	1 学时
合计	24 学时

（五）培训参考教材与规程

（1）中国华能集团有限公司《电力安全作业规程》（2020年版）。

（2）《电工识图》《电工基础》《电力电子技术》。

（六）场地准备

（1）培训场所：实训室。

（2）场地及功能准备：必备2个以上工位，2组应考人员可以同时参加作业。考场布置现场工作间距足够，考生之间不得互相干扰；工具、材料按考核要求配备完备，对应的工作结果能够可靠评判。

（3）培训工具及设备材料准备（每工位）。

表 18-2　安全工器具及材料清单

序号	名称	规格型号	单位	数量	备注
1	偏口钳	绝缘	把	1	现场准备
2	剥线钳	绝缘	把	1	现场准备
3	压线钳	绝缘	把	1	现场准备
4	十字螺丝刀	绝缘	把	1	现场准备
5	一字螺丝刀	绝缘	把	1	现场准备
6	内六角扳手		把	1	现场准备
7	外六角扳手		把	1	现场准备
8	万用表		块	1	现场准备
9	电笔	220V	个	1	现场准备
10	护目镜		副	1	现场准备
11	清洁布		块	2	现场准备
12	绝缘胶带		卷	1	现场准备
13	安全围栏		组	1	现场准备
14	“从此进出”标识牌		块	1	现场准备
15	“在此工作”标识牌		块	1	现场准备
16	绑扎线		m	2	现场准备
17	控制原理（接线）图		份	2	现场准备

（七）操作步骤

（1）根据电气控制原理图，熟悉电路的工作原理。

（2）了解各元器件的相关功能及接线要求。

（3）清点材料及工具。

（4）检测器件。

（5）在控制板上按照布置图安装电器元件。

（6）按电工工艺要求按照图纸接线，自检并通电。

（7）关电源，拆线。

（八）考核作业工艺及验收

（1）接线绝缘工作台无损坏。

（2）接线无毛刺。

（3）接线无歪脖。

（4）接线无压胶皮。

（5）导线裸露不超长。

（6）一项绝缘不与另一项接线柱接触。

（7）接线无交叉接线。

（8）接线剁头齐整。

（9）接线余头不超长。

（10）分项绝缘无刀伤。

（11）接线端头牢固。

（12）接线端头包扎美观。

（13）布线美观。

（14）安全文明拆接线。

第二节　电控接线操作技能考核评分标准

表 18-3　　电控接线操作技能考评评分记录表

序号	项目	考核要点	配分	评分标准	得分	扣分	备注
1	工作准备						
1.1	着装穿戴	穿工作服	4	1. 未穿工作服，扣2分； 2. 着装穿戴不规范，每处扣2分			
1.2	工器具、材料检查	工器具、材料准备	4	1. 开始考核后，有补充、更换工器具的，即认为不满足要求，扣2分； 2. 开始考核后，有补充、更换材料的，即认为不满足要求，扣2分			

续表

序号	项目	考核要点	配分	评分标准	得分	扣分	备注
1.2	工器具、材料检查	工器具、材料放置规范	2	绝缘工器具与金属工器具、材料未分区放置，扣2分			
2	工作过程						
2.1	操作工艺	接线绝缘工作台无损坏	2	绝缘工作台完整，无裂纹，扣2分			
2.2	操作工艺	接线无毛刺	2	芯线前端部分无突出的导线，扣2分			
2.3	操作工艺	接线无歪脖	2	布线弧度要自然平滑，避免急弯，直角弯，扣2分			
2.4	操作工艺	接线无压胶皮	2	线芯处接线端子的垫圈（板）不压线芯绝缘，扣2分			
2.5	操作工艺	导线裸露不超长	2	线芯绝缘与接线端子压接部分之间的芯线长度不大于5mm，扣2分			
2.6	操作工艺	一项绝缘不与另一项接线柱接触	2	一项绝缘不与另一项接线柱相触，扣2分			
2.7	操作工艺	接线无交叉接线	3	现场检查，有交叉接线现场者，每项扣1分			
2.8	操作工艺	接线剁头齐整	3	每一项线芯前端的线头整齐切断，无长短不齐现象，每项扣1分			
2.9	操作工艺	接线余头不超长	2	线芯最前端距接线端子压线部分的长度不大于2mm，扣2分			
2.10	操作工艺	分项绝缘无刀伤	2	分项芯线的绝缘无伤痕，扣2分			
2.11	操作工艺	接线端头牢固	5	接线端头紧密牢固，无松动，每处松动扣1分			

续表

序号	项目	考核要点	配分	评分标准	得分	扣分	备注
2.12	操作工艺	接线端头包扎美观	2	接线端头用胶布缠绕整齐紧密，裸露线芯者不得分，扣2分			
2.13	操作工艺	布线美观	8	1. 布线将就“横平竖直”，“横平”指的是在连接线路时电线应与控制开关平行，在需要转弯位置做好垂直角度，扣4分； 2. “竖直”则是指线路在向上或向下布线时应与开关平行即可，不美观者，扣4分			
3	工作终结验收						
3.1	文明生产	汇报结束前，所选工器具放回原位，摆放整齐；无损坏原件、工具；恢复现场；无不安全行为	15	1. 作业完毕，现场未清理恢复，扣5分；设备外表无灰尘、油污，扣2分； 2. 现场检查：清理不干净，不彻底，扣2分； 3. 现场检查：工器具有丢失、损坏及不经允许调换者，扣2分； 4. 现场检查：工具上有油污，清理不干净者，扣2分； 5. 现场检查：工具摆放不整齐者不得分，扣2分			
3.2	安全	操作中无不安全行为发生	8	1. 出现不安全行为，每次扣4分； 2. 出现操作者破皮、受伤者扣4分			
3.3	运转调试	检查接线是否正确	30	设备不能正常运转，扣30分			
合计得分							

续表

序号	项目	考核要点	配分	评分标准	得分	扣分	备注

否定项说明：（1）违反中国华能集团公司《电力安全作业规程》（2020年版）；
（2）违反考场纪律；
（3）造成设备重大损坏；
（4）发生人身伤害事故

考试人员：　　　　考评员：　　　　年　月　日

第十九章　箱式变压器无载调压分接开关调整

第一节　箱式变压器无载调压分接开关调整操作技能任务书

一、安全要求

（一）基本要求

正确使用安全工器具，不发生人身伤害和设备损坏事故。

（二）风险点分析

（1）人身伤害。

（2）工器具伤害。

（3）设备损坏。

（三）安全措施

（1）专责监护人应履行监护责任，不得兼做其他工作，要选择便于监护的位置，监护的范围不得超过一个作业点。

（2）作业人员应听从工作负责人指挥。

（3）作业现场及工具摆放位置周围应设置安全围栏、警示标志，防止行人及其他车辆进入作业现场。

（4）作业过程中，作业人员应始终穿戴防护用具。保持人体与邻相带电体及接地体的安全距离。

（四）考核要求

1.工作准备

正确选择工具及器材；正确合理着装；不发生人身伤害和设备损坏事故。

2.作业过程

（1）按要求进行工器具及器材外观检查。

（2）测量后应进行放电。

3.否定项说明

（1）违反中国华能集团公司《电力安全作业规程》（2020年版）。

（2）违反考场纪律。

（3）造成设备重大损坏。

（4）发生人身伤害事故。

二、实训作业指导书

（一）培训目标

通过专业理论学习和技能操作训练，使学员熟练掌握箱式变压器无载调压分接开关调整的方法。

（二）任务描述

（1）对箱式变压器无载调压分接开关调整。

（2）对工器具进行外观检查；材料工具选择符合要求；正确使用工器具。无不安全现象发生；验收工作正确、完整。

（三）培训对象

风电场检修人员。

（四）培训方式及时间

1.培训方式

教师现场讲解、示范，学员技能操作训练，培训结束后进行理论考核与技能测试。

2.培训时间

表 19-1　　培训学时

项目	时间
箱式变压器专业知识	1 学时
作业流程	2 学时
操作讲解、示范	2 学时
分组操作训练	6 学时
技能测试	1 学时
合计	12 学时

（五）培训参考教材与规程

中国华能集团有限公司《电力安全作业规程》（2020年版）。

（六）场地准备

（1）培训场所：场内备用箱式变压器。

（2）场地及功能准备：考场布置现场工作间距足够，考生之间不得互相干扰；工具、材料按考核要求配备完备，对应的工作结果能够可靠评判。

（3）培训工具及设备材料准备（每工位）。

表 19–2 安全工器具及材料清单

序号	名称	规格型号	单位	数量	备注
1	绝缘拉杆	35kV	个	1	现场准备
2	绝缘手套	35kV	个	1	现场准备
3	绝缘靴	35kV	个	1	现场准备
4	负荷开关操作杆	35kV	个	1	现场准备
5	验电器	35kV	个	1	现场准备
6	接地线一组	35kV	个	1	现场准备
7	直流电阻测试仪		个	1	现场准备
8	万用表		块	1	现场准备
9	直阻数据测量记录本		本	1	现场准备
10	碳素笔		根	1	现场准备
11	“从此进出”标识牌		个	1	现场准备
12	“在此工作”标识牌		个	1	现场准备
13	“禁止合闸，有人工作”标识牌		个	3	现场准备
14	围栏		组	1	现场准备

（七）操作步骤

1.准备工作

（1）场地、功能准备。

1）场地准备：箱式变电站。

2）功能准备：各工位之间用遮拦隔离，场地清洁，无干扰。

（2）工器具材准备。

对进场的工器具进行检查，确保能够正常使用，并整齐摆放于防潮毡布上。工具器材要求质量合格、安全可靠、数量满足需要。

2.操作步骤

（1）开工准备。

布置工作现场、检查绝缘工器具。

（2）作业步骤。

1）停电、验电、装设接地线、悬挂标示牌。

2）测量直阻。

3）进行放电，记录试验数据。

3.工作结束

（1）将现场所有工器具放回原位，摆放整齐。

（2）清理工作现场，离场。

（八）考核知识点及作业流程

1.箱式变压器无载调压分接开关调整专业知识

（1）如何判断测量后的数据。

（2）工器具的检查。

（3）直阻测试仪的使用方法。

2.箱式变压器无载调压分接开关调整作业流程

（1）检验工具。

（2）执行安措。

（3）进行测量。

（4）统计数值。

（5）判断数据。

（6）拆除安措。

（7）清理现场。

（8）工作结束。

第二节　箱式变压器无载调压分接开关调整操作技能考核评分标准

表 19-3　　箱式变压器无载调压分接开关调整操作技能考评评分记录表

序号	项目	考核要点	配分	评分标准	得分	扣分	备注
1	工作准备						
1.1	着装穿戴	1. 穿工作服、绝缘鞋； 2. 戴安全帽、线手套	5	1. 未穿工作服、绝缘鞋，未戴安全帽、线手套，每缺少一项扣 1 分； 2. 着装穿戴不规范，每处扣 1 分			
1.2	工器具、材料检查	工器具、材料准备	3	出现以下任何一项，扣 1 分： 1. 开始考核后，有补充、更换工器具的，即认为不满足要求； 2. 工器具规格型号低于 35kV 不停电作业要求； 3. 开始考核后，有补充、更换材料的，即认为不满足要求			

续表

序号	项目	考核要点	配分	评分标准	得分	扣分	备注
1.2	工器具、材料检查	工器具、材料放置规范	2	出现以下任何一项，扣1分： 1. 绝缘工器具未放置在防潮毡布上； 2. 绝缘工器具与金属工器具、材料未分区放置			
		绝缘工器具检查	10	1. 工器具超过试验有效期（以试验合格证或标签为准，试验机构盖章不作要求），扣3分； 2. 未使用干燥、清洁毛巾清洁绝缘工器具，或者工器具及材料检查数量不足，扣3分； 3. 外观检查未全方位查看，绝缘手套未采用充气检查（专用充气装置或卷压空气均可）的方法，或者未观察（听、看、触）充气结果，扣4分			
2	工作过程						
2.1	正确使用个人安全用具	个人安全用具使用规范	10	1. 未正确穿戴使用个人绝缘防护用具；（绝缘安全帽、绝缘手套为最低要求），扣4分； 2. 绝缘手套外部没有防护手套，扣4分； 3. 验电前未穿戴好个人绝缘防护用具，扣2分			
2.2	停电	顺序及方法	20	1. 未断开箱式变压器低压侧断路器，扣4分； 2. 未检查机械位置指示，未检查低压侧却无电压，扣3分； 3. 未悬挂“禁止合闸，有人工作”标志牌扣3分； 4. 未断开箱式变压器高压侧负荷开关，未检查机械位置指示，扣3分；			

续表

序号	项目	考核要点	配分	评分标准	得分	扣分	备注
2.2	停电	顺序及方法	20	5. 跌落保险顺序错误，扣3分； 6. 未对跌落保险下口分别验电后，未在跌落保险下口挂接地线，未悬挂“禁止合闸，有人工作”标志牌，扣4分			
2.3	测量前准备工作	注意事项	10	1. 未解开箱变高压侧电缆室内进线电缆连接，扣3分； 2. 未合上高压侧负荷开关，扣3分； 3. 未反复旋转操作手柄数次，以便消除触头上的油污和氧化膜，扣4分			
2.4	测量时工作	顺序及方法	20	1. 仪器接线错误，扣5分； 2. 电流量程错误，扣5分； 3. 计算公式错误，扣5分； 4. 未进行放电，扣5分			
2.5	送电	顺序及方法	15	1. 未拆除标识牌，每出现一次扣3分； 2. 跌落保险送电顺序，扣5分； 3. 合断路器时，未检查断路器位置，扣3分； 4. 未使用安全工具，扣4分			
3	工作终结验收						
3.1	安全文明生产	汇报结束前，所选工器具放回原位，摆放整齐；无损坏原件、工具；恢复现场；无不安全行为	5	1. 出现不安全行为，每次扣2分； 2. 作业完毕，现场未清理恢复，扣2分；不彻底，扣1分； 3. 损坏工器具，每件扣1分			
		合计得分					

续表

序号	项目	考核要点	配分	评分标准	得分	扣分	备注

否定项说明：（1）违反中国华能集团公司《电力安全作业规程》（2020 年版）；
（2）违反考场纪律；
（3）造成设备重大损坏；
（4）发生人身伤害事故

考试人员：　　　　　　　　　　考评员：　　　　　　　　　　年　月　日

第二十章　停电更换直线杆绝缘子（绝缘斗臂车）

第一节　停电更换直线杆绝缘子（绝缘斗臂车）操作任务书

一、安全要求

（一）基本要求

正确使用安全工器具，不发生人身伤害和设备损坏事故。

（二）风险点分析

（1）人身伤害。

（2）工器具损害。

（3）设备损害。

（三）安全措施

（1）专责监护人应履行监护职责，不得兼做其他工作，要选择便于监护的位置，监护的范围不得超过一个作业点。

（2）作业人员应听从工作负责人指挥。

（3）作业现场及工具摆放位置周围应设置安全围栏、警示标志，防止行人及其他车辆进入作业现场。

（4）根据地形地貌和作业项目，将斗臂车定位于合适作业位置。不得在坡度大于7° 的路面上操作斗臂车。支腿应支在硬实路面上，不平整路面应铺垫支腿垫板，避免将支腿置于沟槽边缘、盖板之上，防止斗臂车在使用中侧翻。

（5）绝缘斗臂车在使用前应空斗试操作，确认各系统工作正常，制动装置可靠。工作臂升降回转的路径，应避开邻近的电力线路、通信线路、树木及其他障碍物。

（6）保持人体与邻相带电体及接地体的安全距离。

（7）拆除、安装电力线路电气设备时，动作不宜过大，防止造成设备损坏。

（8）上下传递物品必须使用绳索，严禁高空抛物。尺寸较长的部件，应用传递绳捆扎牢固后传递。工作过程中，工作点下方禁止站人。斗内作业人员应系好安全带，传递多件绝缘工具时，应分件传递。

（四）考核要求

1.工作准备

正确选择工具及器材；正确合理着装；不发生人身伤害和设备损坏事故。

2.作业过程

（1）按要求进行工具及器材外观检查。

（2）更换绝缘子后，将绝缘子固定牢固。

3.否定项说明

（1）违反中国华能集团公司《电力安全工作规程》（2020年版）。

（2）违反职业技能等级评价考场纪律。

（3）造成设备重大损坏。

（4）发生人身伤害事故。

二、实训作业指导书

（一）培训目标

通过专业理论学习和技能操作训练，使学员熟练掌握停电更换直线杆绝缘子方法。

（二）任务描述

（1）对架空配电线路直线杆停电更换绝缘子。

（2）对工器具进行外观检查；材料工具选择符合要求；正确使用工器具。无不安全现象发生；验收工作正确、完整。

（三）培训对象

符合高压线路停电检修工高级工技能等级评价申报条件人员。

（四）培训方式及时间

1.培训方式

教师现场讲解、示范，学员技能操作训练，培训结束后进行理论考核与技能测试。

2.培训时间

表 20–1　　培训学时

项目	时间
停电更换直线杆绝缘子专业知识	2 学时
停电更换直线杆绝缘子作业流程	2 学时
操作讲解、示范	4 学时
分组技能操作训练	4 学时
技能测试	2 学时
合计	14 学时

（五）培训参考教材与规程

（1）中国华能集团公司《电力安全工作规程》（2020年版）。

（2）《35kV及以下架空电力线路施工及验收规范》（GB 50173—2014）。

（3）《10kV及以下架空配电线路设计技术规程》（DL/T 5220—2005）。

（4）《架空绝缘配电线路施工及验收规程》（DL/T 602— 1996）。

（六）场地准备

（1）培训场所：风电场某直线杆。

（2）场地及功能准备：必备2个以上工位，2组应试人员可以同时参加作业。考场布置现场工作间距足够，考生之间不得互相干扰；工具、材料按考核要求配备完备，对应的工作结果能够可靠评判。

（3）培训工具及设备材料准备（每工位）。

表20-2　安全工器具及材料清单

序号	名称	规格型号	单位	数量	备注
1	绝缘斗臂车	10kV	辆	1	现场准备
2	安全帽	电绝缘	顶	2	现场准备
3	安全带	全方位式	副	2	现场准备
4	绝缘电阻检测仪	2500V及以上	台	1	现场准备
5	验电器	10kV	支	1	现场准备
6	绝缘手套充气装置		台	1	现场准备
7	风速检测仪		台	1	现场准备
8	温度检测仪		台	1	现场准备
9	湿度检测仪		台	1	现场准备
10	对讲机		部	2	现场准备
11	清洁布		块	2	现场准备
12	安全围栏		组	1	现场准备
13	“在此工作”标识牌		块	1	现场准备
14	直线绝缘子	10kV	个	3	现场准备
15	绑扎线		米	2	现场准备
16	防潮苫布		块	2	现场准备

（七）操作步骤

1.准备工作

（1）工作现场准备。

1）场地准备：集电线路。

2）功能准备：各工位之间用遮拦隔离，场地清洁，无干扰。

（2）工具器材准备。

对进场的工器具进行检查，确保能够正常使用，并整齐摆放于防潮苫布上。工具器材要求质量合格、安全可靠、数量满足需要。

2.操作步骤

（1）开工准备。

1）现场复勘。

2）召开班前会。

3）停放并检查绝缘斗臂车、布置工作现场、检查绝缘工器具、检测（新）绝缘子。

（2）作业步骤。

1）验电。

2）提升导线、更换绝缘子。

3）工作验收并撤离杆塔。

3.工作结束

（1）将现场所有工器具放回原位，摆放整齐。

（2）清理工作现场，离场。

（八）考核知识点及作业流程

1.停电更换直线杆绝缘子专业知识

（1）绝缘小吊臂法提升导线。

（2）更换绝缘子。

2.停电更换直线杆绝缘子作业流程

（1）现场复勘。

（2）执行工作许可制度。

（3）召开班前会。

（4）停放绝缘斗臂车。

（5）布置工作现场。

（6）检查绝缘工器具。

（7）检查绝缘斗臂车。

（8）斗内电工进入绝缘斗臂车绝缘斗。

（9）进入带电作业区域。

（10）验电。

（11）提升导线、更换绝缘子。

（12）工作验收。

（13）撤离杆塔。

（14）清理现场。

（15）工作结束。

第二节　停电更换直线杆绝缘子（绝缘斗臂车）操作技能考核评分标准

表 20-3　　停电更换直线杆绝缘子（绝缘斗臂车）操作技能考评评分记录表

序号	项目	考核要点	配分	评分标准	得分	扣分	备注
1	工作准备						
1.1	着装穿戴	1. 穿工作服、绝缘鞋； 2. 戴安全帽、线手套	5	1. 未穿工作服、绝缘鞋，未戴安全帽、线手套，每缺少一项扣 1 分； 2. 着装穿戴不规范，每处扣 1 分			
1.2	现场复勘	核对现场线路与设备双重名称。 （口述）检查装置的作业条件	4	出现以下任何一项，扣 1 分： 1. 未口述现场线路与设备双重名称； 2. 没有检查杆身质量动作，没有检查电杆埋深动作； 3. 没有检查风速和湿度； 4. 有补充现场安全措施的未填写工作票“补充安全措施栏”，没有补充措施的未在相应栏填写“无”			
1.3	工器具、材料检查	工器具、材料准备	2	出现以下任何一项，扣 1 分： 1. 开始考核后，有补充、更换工器具的，即认为不满足要求； 2. 开始考核后，有补充、更换材料的，即认为不满足要求			
		工器具、材料放置规范	2	出现以下任何一项，扣 1 分： 1. 绝缘工器具未放置在防潮苫布上； 2. 绝缘工器具与金属工器具、材料未分区放置			

续表

序号	项目	考核要点	配分	评分标准	得分	扣分	备注
1.3	工器具、材料检查	绝缘工器具检查	3	出现以下任何一项，扣1分： 1. 工器具超出试验有效期（以试验合格证或标签为准，试验机构盖章不作要求）； 2. 未使用干燥、清洁毛巾清洁绝缘工器具，或者工器具及材料检查数量不足； 3. 外观检查未全方位查看，绝缘手套未采用充气检查（专用充气装置或卷压空气均可）的方法，或者未观察（听、感、触）充气结果			
		安全带要求	3	出现以下任何一项，扣1分： 1. 未使用全方位安全带； 2. 安全带外观有明显磨损现象或者绳索、扁带有断裂、断股、扭结； 3. 未对安全带做冲击试验，冲击试验方法不正确［保险带（绳）、卡环冲击试验中没有受力］			
		正确使用绝缘高阻表测量绝缘工具（绝缘杆、绝缘绳）表面绝缘电阻	4	出现以下任何一项，扣1分： 1. 未选用2500V及以上的绝缘高阻表； 2. 测试引线电极接线方式不满足要求； 3. 绝缘高阻表（电子数字式、摇表指针式）自检方法不正确［正确方法为：选择电压较低的挡位（或转速较低时），快速短接两个电极，读数应趋近于0；在额定电压下（或120r/min的额定转速下），读数应趋近于∞］；			

续表

序号	项目	考核要点	配分	评分标准	得分	扣分	备注
1.3	工器具、材料检查	正确使用绝缘高阻表测量绝缘工具（绝缘杆、绝缘绳）表面绝缘电阻	4	4. 检测绝缘工具双手未戴绝缘手套			
		材料检查	2	出现以下任何一项，扣1分： 1. 直线绝缘子有损伤； 2. 直线绝缘子的规格型号与要求不一致			
2	工作过程						
2.1	正确使用个人安全用具	个人安全用具使用规范	4	1. 斗内电工未正确穿戴使用个人防护用具，扣2分； 2. 验电前未穿戴好个人绝缘防护用具，扣2分			
2.2	验电	验电顺序及方法	6	1. 未按顺序验电，扣3分； 2. 遗漏规定的验电内容，每项内容扣3分（绝缘导线视为带电体）			
2.3	更换直线绝缘子	直线绝缘子更换步骤及方法	25	1. 未使用绝缘绳捆扎直线绝缘子前，拆除螺栓，扣15分； 2. 未使用螺栓固定新直线绝缘子前，拆除绝缘绳捆扎，扣10分			
		施工工艺、质量满足要求	30	1. 直线绝缘子与引线连接不牢固，扣10分； 2. 直线绝缘子固定不牢固，扣10分； 3. 安装过程中控制不当，直线绝缘子脱落，每次扣5分； 4. 安装过程中，出现高空坠物，扣5分			
3	工作终结验收						

续表

序号	项目	考核要点	配分	评分标准	得分	扣分	备注
3.1	安全文明生产	汇报结束前，所选工器具放回原位，摆放整齐；无损坏元件、工具；恢复现场；无不安全行为	10	1. 出现不安全行为，每次扣5分； 2. 作业完毕，现场未清理恢复扣3分，不彻底扣2分； 3. 损坏工器具，每件扣2分			
合计得分							

否定项说明：（1）违反《国家电网有限公司电力安全工作规程（配电部分）》；
（2）违反职业技能等级评价考场纪律；
（3）造成设备重大损坏；
（4）发生人身伤害事故

考试人员：　　　　考评员：　　　　年　月　日

第二十一章　停电接电缆线路与架空线路连接（绝缘斗臂车）

第一节　停电接电缆线路与架空线路连接引线（绝缘斗臂车）操作任务书

一、安全要求

（一）基本要求

正确使用安全工器具，不发生人身伤害和设备损坏事故。

（二）风险点分析

（1）人身伤害。

（2）工器具损害。

（3）设备损害。

（三）安全措施

（1）专责监护人应履行监护职责，不得兼做其他工作，要选择便于监护的位置，监护的范围不得超过一个作业点。

（2）作业人员应听从工作负责人指挥。

（3）作业现场及工具摆放位置周围应设置安全围栏、警示标志，防止行人及其他车辆进入作业现场。

（4）根据地形地貌和作业项目，将斗臂车定位于合适作业位置。不得在坡度大于7° 的路面上操作斗臂车。支腿应支在硬实路面上，不平整路面应铺垫支腿垫板，避免将支腿置于沟槽边缘，盖板之上，防止斗臂车在使用中侧翻。

（5）绝缘斗臂车在使用前应空斗试操作，确认各系统工作正常，制动装置可靠。工作臂升降回转的路径，应避开邻近的电力线路、通信线路、树木及其他障碍物。

（6）拆除、安装电力线路电气设备时，动作不宜过大，防止造成设备损坏。

（7）上下传递物品必须使用绳索，严禁高空抛物。尺寸较长的部件，应用传递绳捆扎牢固后传递。工作过程中，工作点下方禁止站人。斗内作业人员应系好安全带，传递多件绝缘工具时，应分件传递。

（四）考核要求

1.工作准备

正确选择工具及器材；正确合理着装；不发生人身伤害和设备损坏事故。

2.作业过程

（1）按要求进行工具及器材外观检查。

（2）正确安装、使用消弧开关及绝缘引流线。

（3）搭接引线过程中，应控制得当，不得脱落。

3.否定项说明

（1）违反《国家电网有限公司电力安全工作规程》。

（2）违反职业技能等级评价考场纪律。

（3）造成设备重大损坏。

（4）发生人身伤害事故。

二、实训作业指导书

（一）培训目标

通过专业理论学习和技能操作训练，使学员熟练掌握停电接电缆线路与架空线路连接引线方法。

（二）任务描述

（1）对电缆线路与架空线路停电连接引线。

（2）对工器具进行外观检查；材料工具选择符合要求；正确使用工器具。无不安全现象发生；验收工作正确、完整。

（三）培训对象

符合高压线路停电检修工高级工技能等级评价申报条件人员。

（四）培训方式及时间

1.培训方式

教师现场讲解、示范，学员技能操作训练，培训结束后进行理论考核与技能测试。

2.培训时间

表 21–1　　培训学时

项目	时间
停电接电缆线路与架空线路连接引线专业知识	1 小时
停电接电缆线路与架空线路连接引线作业流程	0.5 小时
操作讲解、示范	0.5 小时
分组技能操作训练	4 小时
技能测试	2 小时
合计	8 学时

（五）培训参考教材与规程

（1）中国华能集团公司《电力安全工作规程》（2020年版）。

（2）《35kV及以下架空电力线路施工及验收规范》（GB 50173—2014）。

（3）《10kV及以下架空配电线路设计技术规程》（DL/T 5220—2005）。

（4）《架空绝缘配电线路施工及验收规程》（DL/T 602—1996）。

（六）场地准备

（1）培训场所：风电场。

（2）场地及功能准备：必备2个以上工位，2组应试人员可以同时参加作业。考场布置现场工作间距足够，考生之间不得互相干扰；工具、材料按考核要求配备完备，对应的工作结果能够可靠评判。

（3）培训工具及设备材料准备（每工位）。

表21-2　安全工器具及材料清单

序号	名称	规格型号	单位	数量	备注
1	绝缘斗臂车	10kV	辆	1	现场准备
2	安全帽	电绝缘	顶	2	现场准备
3	绝缘手套	10kV	副	2	现场准备
4	安全带	全方位式	副	2	现场准备
5	传递绳		套	1	现场准备
6	绝缘电阻检测仪	2500V及以上	台	1	现场准备
7	绝缘测量杆	10kV	副	1	现场准备
8	导线清扫刷	10kV	副	1	现场准备
9	绝缘锁杆	10kV	副	1	现场准备
10	绝缘操作杆	10kV	根	1	现场准备
11	放电杆	10kV	根	1	现场准备
12	绝缘引流线	10kV	根	1	现场准备
13	验电器	10kV	支	1	现场准备
14	绝缘手套充气装置		台	1	现场准备
15	风速检测仪		台	1	现场准备
16	温度检测仪		台	1	现场准备
17	湿度检测仪		台	1	现场准备
18	防潮苫布		块	1	现场准备

续表

序号	名称	规格型号	单位	数量	备注
19	对讲机		部	2	现场准备
20	清洁布		块	2	现场准备
21	安全围栏		组	1	现场准备
22	“在此工作”标识牌		块	1	现场准备
23	接续线夹	10kV	个	3	现场准备

（七）操作步骤

1.准备工作

（1）工作现场准备。

1）场地准备：集电线路。

2）功能准备：各工位之间用遮拦隔离，场地清洁，无干扰。

（2）工具器材准备。对进场的工器具进行检查，确保能够正常使用，并整齐摆放于防潮苫布上。工具器材要求质量合格、安全可靠、数量满足需要。

2.操作步骤

（1）开工准备。

1）现场复勘。

2）召开班前会。

3）停放并检查绝缘斗臂车、布置工作现场、检查绝缘工器具。

（2）作业步骤。

1）验电。

2）连接引线。

3）工作验收并撤离杆塔。

3.工作结束

（1）将现场所有工器具放回原位，摆放整齐。

（2）清理工作现场，离场。

（八）考核知识点及作业流程

1.停电接电缆线路与架空线路连接引线专业知识

搭接引线。

2.停电接电缆线路与架空线路连接引线作业流程

（1）现场复勘。

（2）执行工作许可制度。

（3）召开班前会。

（4）停放绝缘斗臂车。
（5）布置工作现场。
（6）检查绝缘工器具。
（7）检查绝缘斗臂车。
（8）斗内电工进入绝缘斗臂车绝缘斗。
（9）进入作业区域。
（10）验电。
（11）工作验收。
（12）撤离杆塔。
（13）清理现场。
（14）工作结束。

第二节　停电接电缆线路与架空线路连接引线（绝缘斗臂车）操作技能考核评分标准

表 21-3　停电接电缆线路与架空线路连接引线（绝缘斗臂车）操作技能考评评分记录表

序号	项目	考核要点	配分	评分标准	得分	扣分	备注
1	工作准备						
1.1	着装穿戴	1. 穿工作服、绝缘鞋； 2. 戴安全帽、线手套	5	1. 未穿工作服、绝缘鞋，未戴安全帽、线手套，每缺少一项扣 1 分； 2. 着装穿戴不规范，每处扣 1 分			
1.2	现场复勘	核对现场线路与设备双重名称。 （口述）检查装置的作业条件	7	出现以下任何一项，扣 1 分： 1. 未口述现场线路与设备双重名称； 2. 没有检查杆身质量动作； 3. 没有检查电杆埋深动作； 4. 没有检查风速和湿度； 5. 检查作业点两侧导线状况（导线是否烧伤、断股）； 6. 检查待连接电缆、避雷器试验报告合格（口述）；检查电缆线路后端负荷已断开（口述）；			

续表

序号	项目	考核要点	配分	评分标准	得分	扣分	备注
1.2	现场复勘	核对现场线路与设备双重名称。 （口述）检查装置的作业条件	7	7. 有补充现场安全措施的未填写工作票“补充安全措施栏”，没有补充措施的未在相应栏填写“无”			
1.3	工器具、材料检查	工器具、材料准备	2	出现以下任何一项，扣1分： 1. 开始考核后，有补充、更换工器具的，即认为不满足要求； 2. 开始考核后，有补充、更换材料的，即认为不满足要求			
		工器具、材料放置规范	2	出现以下任何一项，扣1分： 1. 绝缘工器具未放置在防潮苫布上； 2. 绝缘工器具与金属工器具、材料未分区放置			
		绝缘工器具检查	3	出现以下任何一项，扣1分： 1. 工器具超出试验有效期（以试验合格证或标签为准，试验机构盖章不作要求）； 2. 未使用干燥、清洁毛巾清洁绝缘工器具，或者工器具及材料检查数量不足； 3. 外观检查未全方位查看，绝缘手套未采用充气检查（专用充气装置或卷压空气均可）的方法，或者未观察（听、感触）充气结果			
		安全带要求	3	出现以下任何一项，扣1分： 1. 未使用全方位安全带； 2. 安全带外观有明显磨损现象或者绳索、扁带有断裂、断股、扭结； 3. 未对安全带做冲击试验，冲击试验方法不正确［保险带（绳）、卡环冲击试验中没有受力］			

续表

序号	项目	考核要点	配分	评分标准	得分	扣分	备注
1.3	工器具、材料检查	正确使用绝缘高阻表测量绝缘工具（绝缘杆、绝缘绳）表面绝缘电阻	4	出现以下任何一项，扣1分： 1.未选用2500V及以上的绝缘高阻表； 2.测试引线电极接线方式不满足要求； 3.绝缘高阻表（电子数字式、摇表指针式）自检方法不正确［正确方法为：选择电压较低的挡位（或转速较低时），快速短接两个电极，读数应趋近于0；在额定电压下（或120r/min的额定转速下），读数应趋近于∞］； 4.检测绝缘工具未双手戴绝缘手套			
		材料检查	3	接续线夹的规格型号不满足要求，扣3分			
2	工作过程						
2.1	正确使用个人安全用具	个人安全用具使用规范	4	1.斗内电工未正确穿戴使用个人绝缘防护用具，扣1分（绝缘安全帽、绝缘手套为最低要求，也可穿绝缘披肩、袖套等）； 2.绝缘手套外部没有防护手套，扣1分； 3.工器具的金属部分直接放入斗内或超出绝缘斗外沿，扣1分； 4.验电前未穿戴好个人绝缘防护用具，扣1分			
2.2	验电	验电顺序及方法	2	1.未按顺序验电，扣1分； 2.遗漏规定的验电内容，每项内容扣1分（绝缘导线视为带电体）			
2.3	电缆线路与架空线路连接引线	搭接引线步骤及方法	25	引线搭接完成后，未将电缆可靠固定，扣25分			

续表

序号	项目	考核要点	配分	评分标准	得分	扣分	备注
2.3	电缆线路与架空线路连接引线	施工工艺、质量满足要求	30	1. 未对安装线夹处清除导线氧化层，扣10分； 2. 安装后线夹处的引线未处于主导线的下方，扣10分； 3. 搭接过程中引线控制不得当，导致脱落，每次扣5分； 4. 安装过程中，出现高空坠物，扣5分			
3	工作终结验收						
3.1	安全文明生产	汇报结束前，所选工器具放回原位，摆放整齐；无损坏元件、工具；恢复现场；无不安全行为	10	1. 出现不安全行为每次扣5分； 2. 作业完毕，现场未清理恢复扣3分；不彻底扣2分； 3. 损坏工器具每件扣2分			
合计得分							

否定项说明：（1）违反《国家电网公司电力安全工作规程（配电部分）》；
（2）违反职业技能等级评价考场纪律；
（3）造成设备重大损坏；
（4）发生人身伤害事故

考试人员：　　　　考评员：　　　　年　月　日